我们一起解决问题

天生不同

人格类型识别和潜能开发

Gifts Differing: Understanding Personality Type

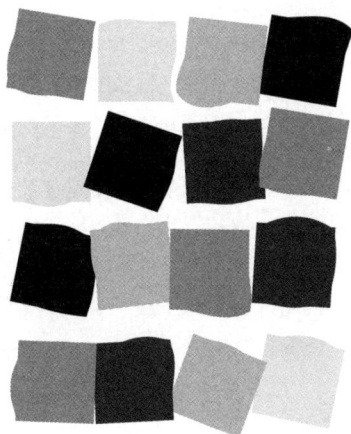

[美] 伊莎贝尔·迈尔斯（Isabel Briggs Myers）

彼得·迈尔斯（Peter B. Myers）著　　闫冠男 译

人民邮电出版社

北　京

图书在版编目（CIP）数据

天生不同：人格类型识别和潜能开发 /（美）伊莎贝尔·迈尔斯（Isabel Briggs Myers）著；（美）彼得·迈尔斯（Peter B.Myers）著；闫冠男译. -- 北京：人民邮电出版社，2016.11
ISBN 978-7-115-43378-7

Ⅰ．①天… Ⅱ．①伊… ②彼… ③闫… Ⅲ．①性格—研究 Ⅳ．①B848.6

中国版本图书馆CIP数据核字(2016)第230091号

内 容 提 要

"每个人都是独一无二的"，虽然我们经常把这句话挂在嘴边，却不知道人与人之间为何会如此不同，这些不同又体现在哪里，因此，我们不但没有正确看待这些差异，利用它们弥补自身的缺陷，反而因之造成了诸多误解、膈膜和障碍。

基于荣格的心理类型理论，根据自己多年的观察和调研，《天生不同》的作者发明了以自己名字命名的迈尔斯-布里格斯人格类型测试表（MBTI），系统地解释了人们的天资差异，描述了由外倾和内倾、感觉和直觉四种主导心理功能，与思维和情感、判断和感知等四种辅助心理功能组合在一起形成的十六种人格类型的特征，它们对个体产生的不同影响，以及在学习、工作和人际关系等领域的实际应用。

作为有史以来使用最广泛的人格类型测试工具，不管你是家长、教师、学生还是上班族，MBTI都可以帮你评估自己的人格类型，了解自己与他人人格的优势和劣势，从而突破自我发展的瓶颈和人际之间的"性格壁垒"，增进彼此之间的理解，在互补的基础上最大化地实现个人和团队的潜能，成功地完成既定的目标。

◆ 著 ［美］伊莎贝尔·迈尔斯（Isabel Briggs Myers）
彼得·迈尔斯（Peter B. Myers）
译 闫冠男
责任编辑 姜 珊
执行编辑 郭光森
责任印制 焦志炜

◆ 人民邮电出版社出版发行　　　北京市丰台区成寿寺路 11 号
邮编 100164　　电子邮件 315@ptpress.com.cn
网址 http://www.ptpress.com.cn
三河市中晟雅豪印务有限公司印刷

◆ 开本：700×1000　1/16
印张：15.75　　　　　　　　　　2016 年 11 月第 1 版
字数：150 千字　　　　　　　　　2025 年 7 月河北第 56 次印刷
著作权合同登记号　图字：01-2015-3274 号

定　价：59.80 元
读者服务热线：（010）81055656　印装质量热线：（010）81055316
反盗版热线：（010）81055315

推 荐 序

　　决定写此小序的过程说起来很有趣。本书译者通过邮件请我为此书出版做个小序，她署名为冠男。恰好，我们课题组不久前毕业的一位同学也叫冠男，且前些日子还联系过我。因而我便想也不想，理所当然地将此一位冠男看作彼一位冠男了。然而，当我犹豫着写些什么内容时，我也想象着那位毕业的冠男为何要翻译这样一本与其所学专业不同的书，这时，我突然恍惚意识到这里存在着某种错位。我赶紧再查邮件、短信和微信等信息源，发现好像存在着两位冠男同学，一位 z 姓，一位 y 姓。最初，我仍坚持只有一位冠男的信念，并将这种"恍惚的错位"归因于我将冠男的姓氏记错了：只有一位冠男，最初记得的姓氏是错误的，而现在的姓氏则是正确的。当然，我自己是决然不好意思直接向此一冠男或彼一冠男询问的，而是绕了个弯子间接地求教于其他老师。结果得到的回复是，确实存在两位姓氏不同的冠男。"Aha 效应"就此产生了："哈，原来世界如此神奇！竟同时有两位名字完全一样的学生在为心理学做着贡献。"由于自己犯了如此重大的先入为主的错误，便只好答应为此书中译本的出版写个小序，以示对此一译者（冒）冠男邀请的谢意，同时也示以某种自我惩戒了。

　　世界上没有两个人是完全相同的，自然人一出生也就"天生不同"了。即便给他们冠以相同的姓名、称谓等标识，他们也是不同的个体，在待人接物和行为上也会展现出不同的风格。据说，心理学家是一群立志通过研究去了解、解释和预测人们个体行为的学者，他们发明了诸如"智力""认知""情绪""意志"和"人格"等构念，建构出一个个大小不一、粗细不同的理论框架，来说服自己和他人为什么人与人"天生不同"。

卡尔·荣格是心理学家中较早从人格视角去思考人的个体差异问题的大学者，他关于人格类型学说的思想时至今日仍然对后辈心理学家、甚至行外的普通百姓有着很大影响。比如，他确定的人格分类的一个基本向度——内倾与外倾，不是早已成为街谈巷议中描述个体差异的首选分类词汇吗？我是研究人格的心理学人，自评为内向者，常常会"先入为主"，依内心的准则、标准、信念等做出判断，因此，想当然地将两个冠男"合二为一"的行为便也自然可以由荣格的理论加以解释了。

《天生不同》一书的作者是荣格理论坚定的拥趸或者称粉丝，她是一家母女三代人的"合体"，她还对自己家庭中的每个人都做了详尽的 MBTI 人格类型分析。除了是三代人的"合体"之外，本书作者又与其他荣格粉丝颇为不同：她很思辨，善于思考，将荣格的人格类型理论扩展、完善成为一个"自圆其说"（科学哲学称之为"自洽"）的 MBTI 理论；她又很执着，善于鼓动，将 MBTI 作为人格测评工具推向了全世界（当然这里也有公司运作的功劳）。

在当今的各种人格测验中，MBTI 是受到最广泛接受和应用的工具之一。MBTI 不像 MMPI 等人格测验那样是先从临床应用开始，得到学术界认可并积累大量的研究证据后再尝试找寻某些理论的支持，之后才流行起来；相反，它一开始就着重于"自圆其说"的理论建构，同时在各类人群中宣传和应用，然后再找寻支持的证据。简言之，MMPI 从"归纳"开始，而 MBTI 则从"演绎"开始，然后它们再殊途同归。但因为 MBTI 有一个在外行看来更为"圆满"的框架，更能满足使用者寻求认知一致性的需求，因而近些年来，在临床应用范围之外，MBTI似乎更有市场。

也正是因为如此，我们在应用MBTI以及与其类似的人格测验理论和工具时，要意识到它的"演绎"性。这种演绎只是在一种人格类型说的假说基础上进行的演绎，而不是像物理学那样从公理出发进行的演绎。从各执两端的四个维度穷尽地组合出16种人格类型（$2 \times 2 \times 2 \times 2 = 16$），确实具有很强的吸引力。我们还能期待更好的人格框架吗？人格心理学家几十年来所创立的"大一""大二""大四""大五""大六"……乃至"十六种人格特质"框架，看起来好像都不如$2 \times 2 \times 2 \times 2$种组合人格更美妙。但是，科学似乎更为冷酷些，它看重的是真，是在有控条件下获得的实证证据，而非事物看起来更美、更善，美和善是留待人类的其他智慧领域解决的问题。MBTI要论证自己的"真"，还需要积累更多的科学证据，要走很长的路。

当然，关于MBTI的"真"——科学性，在学术界一直存在着激烈的争论。比如，有人把MBTI性格分类评估比作一项"忽略了躯干和另一只手臂的体检"——我们体检量血压时，通常都只测量一个手臂；而全面的体检应测量两个手臂的血压，因为两个手臂血压指标的差值（应小于10毫米汞柱）也具有重要的健康意义。但反对者对此十分不满，他们提出的一个支持MBTI的重要依据是："……但是，位居财富榜前100强公司的无数经理、咨询顾问和心理学家却不这么认为。对他们来说，识别某些常见的性格特征对于团队建设、冲突管理、领导力发展和其他任务都是非常有用的。"

或许因为本书作者（MBTI框架编制者）并非科班出身，自然就少了些行规的羁绊，也更接地气一些。她们的所思所为，完全是为了满足非科班的使用者，使其方便了解和解释个体差异的需求，而不是为了达到各种科学杂志的标准，符合评审与编辑小团体的观点和立场。从MBTI测验结果的解释来看，它们更契合一般民众具有的大众心理学知识体系。大众心理学知识是指那些并不需要经由严格实验控制和反复验证的因果推论，即那些大多数人人信以为真、符合一般理性（不等于数学推理，亦不等于必要且充分条件）推理的知识，故谓之大众心理学。有人讲"人人都是心理学家"，正是基于多数人都具有一定的大众心理学知识这一假设。

因此，作为大众心理学中的一个人格理论框架，评价它的标准就不仅在于"真"了，而更要看其有用性和易用性（这正是 MBTI 支持者的重要支撑点）。显然，在人力资源管理领域，MBTI 是一个十分有用的框架（下面将涉及），也是一个十分容易学会和使用的工具，因为它具有 $2 \times 2 \times 2 \times 2$ 的规整性，人们只要记住了"感觉—直觉""思维—情感""外倾—内倾"和"感知—判断"四个维度，就很容易组合出人格类型，而人们对感知、直觉、思维、情感等又都不陌生，所以通过组合人格对个体差异进行解释，似乎也不是太难理解的事情。

当然，MBTI 的意义绝非只是组合成 16 类人格，并由此对个体差异进行解释这样简单。它对于人格出生、发展乃至成熟的思考，特别是"感知—判断"两个基本心理过程以及思维和情感两类认知加工过程的理解，都与当代认知心理学的研究结果有着很好的链接，因此，它对心理学家深入研究人格有着深刻的启发作用；也为将来勾勒出一个包含着人格、认知、情绪情感、意志等构念的关于个体差异的完整心理学解释框架，指引着一个纯粹心理学自洽的而不依赖于还原为认知神经科学的研究方向。

为了更好地释放和实现 MBTI 的理论意义和实用价值，其研究者和使用者一定要更深入了解荣格及其继承者们关于个体人格发展的理论，以及主导组合人格和附属组合人格相辅相成、主附转化等矛盾统一运动规则的假说；要学习人格心理学和其他学科分支心理学所提供的科学知识；还要更多地结合自己在人力资源管理中的实践经验。应用好 MBTI，也会帮助我们认识中国人的人格特质，因为四个人格维度在中国文化情境中组合出来的 16 类人格一定会带有特殊的东方色彩。特别重要的是，研究好 MBTI，会帮助中国的人格心理学家更好地学习和思考：如何建构出实践上有用且理论上自洽的人格心理学理论。MBTI 与其他各种人格理论一样，不是人格心理学探索的终结，而是人格心理学更上一层楼的台阶。

《天生不同》不是操作使用手册，而是荣格人格类型理论的普及读物。因此，尚未使用但对使用 MBTI 感兴趣的读者，还需要参加 MBTI 的相关培训，获取相关的测验操作手册等材料；基础打下后，再来学习实操手册便不是难事。而那些已经使用过 MBTI 的读者，则可以通过认真阅读本书的内容对 MBTI 产生更加深刻的认识，这对于正确使用和充分挖掘 MBTI 的使用价值来说是十分必要且重要的自我进修和继续教育。

本书的中译文读起来十分顺畅，可读性很强；译文对原书含义表达得也很到位、准确。这显示出此一位冠男译者具有良好的心理学基础，并且具有英文理解和中文表达的深厚功底。

张建新

中国科学院心理研究所研究员

2016 年 6 月 19 日（星期日）于北京天坛

再版前言

　　《天生不同》是一本老少咸宜的心理学读物，你可以把它分享给自己的家人、朋友和同事。本书所阐述的观点能够帮助你更加深刻地了解自己以及自己在日常生活中的种种行为反应；不仅如此，通过阅读本书，相信你也会对身边的人有进一步的理解和认同。你会意识到，我们虽然同为人类，却有着截然不同的节奏。人与人，本就天生不同。

　　如果你诧异于不同的人对同一件事情反应的差异之大，本书会帮你找到答案。如果你苦闷于难以与身边的父母、孩子、同事进行有效沟通，本书同样能够为你指点迷津。

　　本书的作者伊莎贝尔·布里格斯·迈尔斯（Isabel Briggs Myers）是我的母亲。母亲顽强地与癌症抗争了 20 年，并最终在她 82 岁的时候——本书即将出版的时候——溘然长逝。一直以来，母亲都希望自己能够造福世人，希望大家无论做什么事情，都能够保持愉悦、高效的状态。在这个强烈愿望的驱动下，她一直坚持与癌症抗争，直到本书完成。令人欣慰的是，自 1980 年《天生不同》面世以来，已经有数十万名读者选择了本书，而时至今日，本书的销量还在逐年递增。

　　在本书中，母亲用平易近人的语言，结合普通人的日常生活问题，深入浅出地阐述了瑞士心理学家卡尔·荣格的人格类型学说。这本书让千千万万读者意识到，不同的人会用不同的方式来处理和应对生活中的种种问题，而人与人之间的关系模式也各有不同。在过去，人们普遍认为，所有人都是从标准的"正常人"分化而来的，虽然人与人之间看起来略有差异，但在本质上所有人都是类似的。但母亲却勇敢地打破了这个陈旧的观念，她指出：人与人的天资秉性生来就是不同的，不同的个体在思维方式、价值取向和情绪情感上存在着先天的差异。荣格将人们在日常生活中的心理活动分为两种类型：接收、认识新的信息（他称之为"感知"），以及对信息进行分析并做出决策（他没有对此命名）。

荣格是在 70 年前提出自己的人格类型学说的。但是，作为一名临床心理学家，荣格接触的大都是患有严重心理疾病或精神疾病的患者，他关注的是那些萎靡的、痛苦的、需要专业帮助的病人所展现的负面的人格类型。而对于普通人人格类型的方方面面，他并不关心。不仅如此，荣格的著作《心理类型》是用德语撰写的，其受众也是专业的心理学从业者。即便出版了英文译本，一般读者也很难消化。因此，虽然很多人都对人格类型颇有兴趣，但鲜有人了解荣格的人格类型理论。出现这种现象也在情理之中。

而我母亲伊莎贝尔·迈尔斯虽然不是科班出身的心理学家，却将自己的整个后半生后都献给了荣格。她孜孜不倦地钻研荣格的理论学说，并努力将其推广和应用到普通人的日常生活中。她试图帮助人们认识到，每个人都是一个与众不同的独特个体，每个人接收和处理信息的方式都各不相同。而正是因为这种差异的存在，我们在日常生活中才会遭遇各种障碍、问题和误解。

本书的前提假设是这样的：每个人都有自己独特的天资禀赋，有自己最舒适的认知方式和心理工具。虽然我们每个人的大脑构造和心理机能都基本相同，但在面对具体的任务时，不同的个体却倾向于选择某种（或某些）特定的心理工具对任务信息进行加工处理。正是这些各不相同的偏好和习惯形成了我们各不相同的人格类型，使得我们与某些人非常相似，又与某些人截然相反。

我们都曾有过与人沟通不畅的经历。有时候，明明是非常简单的事情，但我们却怎么也解释不清；而有时候，我们迫切地想征得对方的认可，或是想让对方明白某件事情的重要性，结果却总是事与愿违，对方根本无动于衷。而无论出现哪种情况，都会让我们备感压力。我们会因为对方的淡漠反应而伤心，也会因为对方的否定而受挫。在《天生不同》这本书中，伊莎贝尔·迈尔斯给出了她的答案，她指出，人们之所以会出现沟通不畅的现象，就是因为每个人惯用的心理工具存在差异，这种差异是普遍且正常的。不仅如此，她还给出了一些建设性的意见，告诉我们该如何利用这些差异。

为了加深大家的理解，我有必要介绍一下本书的撰写过程。第二次世界大战时，伊莎贝尔·迈尔斯和她的母亲凯瑟琳·库克·布里格斯（Katharine Cook Briggs）开始对荣格的人格类型理论产生兴趣。当时，很多男人都离开工厂奔赴战场，而女人们则从家庭中走出来，来到车间去接替男人们遗留下来的工作。对于大多数女性来说，车间的工作是完全陌生的。于是，我的母亲和外祖母就开始思考，能否用荣格的人格类型理论对这些毫无相关工作经验的女性进行分类，进而把她们安排到最匹配的工种上去，使她们感到最舒适、最高效。她们四处寻找这样的人格类型测验，但却一无所获。最终，她们决定以荣格的人格类型理论为基础，亲自编制一项人格测验。这就是我们今天所看到的迈尔斯-布里格斯人格类型测验（Myers-Briggs Type Indicator, 简称 MBTI）。鉴于她们两人都不是心理学家或心理测量专家，所以一切都得从零开始。

一开始，她们基于自己的日常观察对事物进行分析和归纳，这个过程是非常顺利的。但在 1943 年，当她们最终将这些观察分析的结果编制成第一版 MBTI 的时候，却遭到了学术圈的双重质疑。首先，她们两人都不是专业的心理学家，也没有获得过任何相关学位，也就是说，她们从来没有系统地学习过心理学、统计学和心理测量等专业学科；其次，当时学术圈（包括荣格学派的学者和专家）对于荣格人格类型理论的应用几乎没有，而对基于荣格理论的人格测验更是闻所未闻，更何况这个问卷还是出自两个"毫无资质"的无名女性之手。

的确，按照专业人士的标准，伊莎贝尔·迈尔斯的背景资质是欠缺的，她确实没有接受过系统的心理学专业训练。但她的智力水平却是一流的，而且在一年多的时间里，她一直追随在一位具有她所需的专业技能的专家身边，那就是爱德华·海（Edward N. Hay）——费城一家大型银行的人事经理。正是从他那里，伊莎贝尔·迈尔斯学到了编制人格量表所需的量表构建、评分设计、效度检验和统计分析等技能。

面对心理学界的漠视和否定，伊莎贝尔·迈尔斯并没有灰心，她专心致志地完善量表，不断地收集数据、提炼题目，并努力提高量表的信效度、可重复性和统计检验的显著性。在这期间，她对部分人群进行了试测并向他们解释了测验结果，而这些人对于测验所表现出的兴趣和热情也令她备受鼓舞，她把这种反应称为"啊哈反应"（the aha reaction）。通常，当MBTI 测试准确地揭示出自己的人格特征时，个体就会用这种反应来表达自己的惊喜之情。而对于伊莎贝尔·迈尔斯来说，最令她感到欣慰的就是听到有人在看到自己的测试结果之后如释重负地感慨："太好了！原来我这样是正常的啊！"

在此后的五十年中，无数人尝试了 MBTI 人格测验（仅 1994 年一年，就有超过 250 万人进行了 MBTI 测验），而对这一人格测验有所耳闻的人更是数不胜数；不仅如此，很多荣格理论的术语也开始进入普通民众的日常生活中。比如，如今大家都知道外倾指个体倾向于从外部世界获取能量，而内倾则指个体更习惯从内部世界获取能量。举例来说，下班之后，你是喜欢去参加各种热闹的社交活动？还是更愿意离开人群安静地独处呢？对于很多外倾的人来说，"聚会糟透了"是指他们没能融入一个聚会，而对于内倾的人来说，无法从聚会中脱身才是一种煎熬。

最初，MBTI主要用于面对面的咨询，而如今，在团队建设、组织发展、企业管理、教育培训和职业规划中，MBTI都得到了广泛应用。它已经被翻译成法语和西班牙语，其他十多种语言版本的修订也在紧锣密鼓地推进中。人们发现，理解彼此的人格类型总是能给生活带来意想不到的改善。自《天生不同》首次出版以来，无数的证据都表明，MBTI对于我们工作和生活的方方面面都大有裨益，而且它带来的具体帮助和益处还被众多使用者详细地记录了下来。

在我看来，造成人类内心痛苦和压力的往往不是彼此之间不可调和的矛盾，而是出于好意的双方在沟通过程中出现的误解。如果确实如此，那么通过更加准确地了解自己，了解自己获取信息、处理信息并最终做出决策的惯用方式，了解自己与人沟通和表达意愿的典型特征，我们的生活质量必将得到大幅提升。如果我们能够学会理解并欣赏人与人之间的差异，并适时地选用适合对方的方式与其进行沟通，我们的人际关系必将得到显著改善。

关于"原型"，卡尔·荣格是这么描述的：原型是所有人类与生俱来的同一的精神结构，它可以在不同的个体身上引发出各种类似的意象、神话和概念等，原型是超越语言的存在，它的传达和识别不受语言的限制。原型在不同的文化中可能会有不同的表现形式，但其核心概念都是一致的。如果人格类型就是这样一种核心概念，是一种在不同的文化、宗教和环境中都通用的概念，那么我们所面对的将会是多么巨大的挑战！如果人们在了解自己的人格特征，或者在认识到自己与他人的不同之处后就惊喜地做出"啊哈反应"，那么我们就有可能跨越政治和经济的疆界，将这种惊喜反应扩展到国际大家庭中，使来自不同国家、种族、文化和信仰的人们相互理解、尊重和接受彼此之间的差异。在离世之前，伊莎贝尔·迈尔斯表示，她最大的愿望就是在自己死后，她的作品依然能够帮助人们识别并欣赏彼此的天赋差异。我相信，如果她知道在 50 年后的今天《天生不同》得到了如此多的赏识，她一定会非常欣慰。

彼得·迈尔斯

1995 年 3 月于华盛顿

初版前言

我始终相信，如果采用荣格的心理类型理论，很多问题一定会得到更加妥善的解决。也正是怀着这样的信念，我才写下了《天生不同》这本书。1923 年，荣格《心理类型》一书的英文版由哈考特·布雷斯（Harcourt Brace）率先出版。当时，我母亲凯瑟琳·库克·布里格斯把这本书带到了家里，并使之成为我们生活中不可分割的一部分。在此后的很长一段时间里，我和母亲都热切地盼望着有人能够设计出一种测验工具，它既能测量出个体的内倾性和外倾性，又能反映出个体的感知和决策偏好。直到1942 年，在经过了漫长的等待之后，我和母亲终于决定亲自来实现这个愿望。从那时起，迈尔斯-布里格斯人格类型测验就开始源源不断地展现出人格类型在实际应用中的巨大价值。

荣格的心理类型理论已经远远超越了统计学的范畴，因此我们只能用大量的语言文字进行阐述。在《天生不同》中，我们根据自己多年来的观察体验，系统地描述了不同的人格类型特征及其对个体的影响。无论你是家长、教师、学生、咨询师、临床医生、神职人员，或是其他任何关注个体潜能发展和实现的人，我都希望本书的内容能够帮助你更好地理解人与人之间的人格差异——这些差异随处可见，它可能出现在你的工作中，也可能出现在你的私人生活中。

本书的完成是我们一家三代人共同努力的结果。我母亲的人格类型是内倾直觉情感判断型（INFJ），在阐述不同人格类型的意义时，母亲的内倾直觉表现出了深刻的洞察力。我自己是内倾直觉情感感知型（INFP），我的内倾情感特质令我对人格类型的实际应用价值深信不疑。我的儿子彼得的人格类型则是外倾直觉情感感知型（ENFP），他难能可贵地兼具了外倾观念、直觉驱动、表达才能和对事物轻重缓急的判断能力。我相信，缺少了我们三人中的任何一个，本书都不可能顺利完成。

伊莎贝尔·迈尔斯

1980 年 2 月

目　录

第一部分

理论基础

第一章　关于人格类型差异的思考

　　每个人都是独一无二的，这是一种颇为时髦的说法。每个人都是遗传和环境相互作用的产物，因此，这个世界上绝不存在两个完全相同的人。但从实际应用的角度来看，我们必须对每一个所要教育、咨询或了解的个体进行全面分析，这种关于个体独特性的观点的价值才能有所体现。我们很难假设每个人的想法都是一样的。事实上，在与他人接触的过程中，我们往往会发现对方的思维方式与我们截然不同，而彼此的价值观和兴趣点也经常大相径庭。

　　本书所介绍的理论的优势在于，它不仅能够帮助我们预测某个具体人物的性格特点及其与他人的差异，同时也会为我们指明与其沟通相处的切实有效的方法。简单说来，该理论认为，人与人之间存在的那些看似偶然的差异其实是必然的。这些个体差异是基于特定事实而出现的合理结果，是个体内部心理功能差异的外在表现。

　　这些基本的心理功能差异也就是不同个体对其大脑的不同使用偏好，具体来说，就是我们对事物进行感知和判断的惯用方式不同。"感知"就是我们对事物、人物、环境或想法的感知，而"判断"则是我们对所感知到的信息的判断。感知和判断构成了我们心理活动的主体，并控制着我们绝大部分的行为表现。从这两种心理功能的定义我们就能看出，感知决定了我们对环境的认知，而判断则决定了我们将以怎样的方式来应对。因此，不同的感知或判断方式自然会导致不同的行为表现，进而也就造成了人与人之间的差异。

两种感知方式：感觉与直觉

正如荣格在其著作《心理类型》中提到的，人类有两种截然不同的感知方式。一种方式是我们所熟知的"感觉"，感觉型的个体会利用身体的五种感官直接从环境中获取信息。另一种方式是"直觉"，直觉型的个体会在无意识中对各种外部信息进行综合和联系，进而间接地对环境进行感知。从日常生活中男人的预感和女人的直觉，到伟大的艺术成就和科学发现，"直觉"都功不可没。

在日常生活中，这两种不同的感知方式的存在是显而易见的。人们会通过感官获取信息，但也会捕捉到感官之外的很多线索。与此同时，荣格也在他的心理类型理论中指出，在注意过程中，感觉和直觉会相互争夺个体的注意资源，而对于大多数人来说，他们从小就会偏好其中一种感知方式。如果一个人更喜欢通过感觉来获取信息，那么他就会格外关注环境中的客观事实，并自动忽略那些凭空出现的想法。相反，那些更加相信自己直觉的人则会执着于探究可能出现的各种情况，对于眼前的各种事实却显得无动于衷。举例来说，在看书的时候，感觉型的人会把注意力集中在书本上的字句本身，而直觉型的人则会试图推敲作者的言外之意。

从童年开始，个体就会偏好某一种感知方式，个体发展的基本差异即由此开始。此时，个体已经有足够的能力来掌控自己的心理活动，他会频繁地使用自己偏好的感知方式来获取信息，并尽可能地回避自己不喜欢的感知方式。无论个体是偏好感觉还是直觉，他都会频繁地使用他更加喜欢的感知方式，密切关注这种方式所带来的信息，并基于这些信息来构建和更新自己对世界的认知。与此同时，另外一种不被偏好的感知方式则会退居幕后，不太受关注。

随着实践经验的不断积累，个体对于自己所偏好的感知方式的运用会愈发得心应手，对这一方式的信赖也愈发显著。与不被偏好的那种感知方式相比，个体对其偏好的感知方式的使用要成熟得多。不仅如此，个体对于某种感知方式的偏好和兴趣还会扩展到与之相关的各种行为和活动中去。不同的感知方式会导致个体对生活产生不同的理解，而个体也会因此而表现出各种不同的外在特征。

因此，随着年龄的增长，偏好不同感知方式的个体会逐渐展现出明显不同的发展路径。个体总会在熟悉的领域中表现得更加成熟，而在陌生的领域中则显得相对幼稚。而这两者都会影响到个体兴趣和精力的取向，个体会尽可能地选择那些与自己偏好的感知方式相关的活动，以便更多地展现自己的成熟而避免露出幼稚的马脚。在这个过程中，个体会逐渐发展出特定的表面特质，而这些特质出现的根源就在于个体内心深处对于某种感知方式的偏好。

这就是感知（SN）偏好：S代表感觉（Sensing），N代表直觉（iNtuition）。

两种判断方式：思维与情感

通过对感知获得的信息的加工，个体会得出相应的结论。不同个体在做结论时会采用不同的方式，这就是他们在判断方式上存在的差异。一种判断方式是"思维"，即通过理性的逻辑加工来获得客观的结论。另一种方式是"情感"，是基于个人的主观价值取向对事物进行评估，这种评估同样是一个理性的过程。

与感知方式类似，人们对信息进行判断时存在两种不同的方式也是显而易见的。众所周知，在做判断和决定时，人们有时会依据思维，有时则会依据情感。即便对于同一件事情，这两种方式所得出的结论往往也并不一致。荣格的理论指出，任何人都会天然地更加偏好并信赖其中一种判断方式。比如，对于眼前呈现的这一观点，思维型的读者会优先关注其连贯性和逻辑性；情感型的读者则会先评估自己是否喜欢这个观点，他们会判断眼前的新观点是否支持或者威胁自己的固有认知。

无论属于思维型还是情感型，孩子都会更频繁地使用自己所偏好的那种判断方式，他们会无条件地信任这种判断方式，也更愿意接受由这种方式所得出的结论。而由另外一种判断方式所得出的结论则仅供参考，他们会半信半疑，甚至充耳不闻。

因此，即便两个孩子利用相同的感官来获取信息，并采用相同的认知过程来加工信息，他们也会因为判断方式的不同而走上完全不同的发展路径。在使用自己偏好和熟悉的方式时，他们都会感到更加愉悦和高效。随着年龄的增长，情感型的孩子在处理人际关系时会显得左右逢源，思维型的孩子在各种事实和观点的组织上则更加游刃有余。这种个人或非个人的判断偏好最终使不同的个体展现出不同的表面特质。

这就是判断（TF）偏好：T 代表思维（Thinking），F 代表情感（Feeling）。

感知与判断的组合

判断方式（TF）与感知方式（SN）是完全独立的两个维度。任何一种判断方式都可以与任何一种感知方式进行组合。因此，感知与判断可以构成四种完全不同的组合：

ST	感觉思维型	（Sensing +Thinking）
SF	感觉情感型	（Sensing +Feeling）
NF	直觉情感型	（iNtuition +Feeling）
NT	直觉思维型	（iNtuition+Thinking）

以上每一种组合都代表着一种独特的人格，其中又包括了不同的兴趣、价值观、需求、心理习惯以及各自不同的表面特质。在某一维度上具有共同偏好的组合会表现出类似的特质，而在感知与判断方式的相互作用下，不同的组合又会形成自己独有的特性。

无论个体属于哪种组合，他总是特别理解并喜欢与自己具有相同偏好组合的人。因为彼此的感知方式相同，所以他们的兴趣点往往极为相似；又因为彼此的判断方式一样，所以他们的价值取向也往往非常一致。

另一方面，如果两人的感知和判断偏好都不相同，那么他们八成难以理解并预知彼此的想法和行为。而我们唯一能够确定的就是在争辩当中，他们很可能会各执己见、针锋相对。如果僵持不下的双方彼此并不认识，那么这些冲突所造成的影响就可以忽略不计，但如果双方互为同事、搭档或者家人，在抬头不见低头见的环境中，如此频繁的冲突必然会给双方的关系造成巨大的压力。

事实上，很多极具破坏性的人际冲突都是由于双方的感知和判断方式不同而导致的。一旦我们找到这些问题的根源，就会发现它们其实并没有那么讨厌和棘手。

如果个体所从事的工作恰好与其偏好组合相左，致使个体不得不使用与自己本性完全相反的感知和判断方式，那么在个体与其工作之间便会产生严重的冲突。

理论上讲，不同的感知和判断方式组合会导致不同的人格表现，这一论断已经在现实生活中得到了验证。接下来，我们会详细地描述四种不同的感知和判断组合所展现出的不同的人格特征。

感觉思维型

感觉思维型（ST）个体主要依靠"感觉"来获取信息，并通过"思维"对信息进行判断。因此，他们往往对事实很感兴趣，因为事实可以通过视觉、听觉、触觉、计算、称重和测量等方式获得。在进行判断和决策时，ST 型个体会客观地分析自己所掌握的信息，他们信赖思维，习惯通过一步的逻辑推理来验证自己的假设，进而得出最终的结论。

因此，在人格上，ST 型个体往往非常实际和实事求是。ST 型个体更适合从事经济、法律、医学、商务、财会、生产、机械操作和材料处理等领域的工作，在这些讲求客观分析和实事求是的工作上，ST 型的个体更容易取得成功，并获得成就感。

感觉情感型

感觉情感型（SF）个体同样依靠"感觉"来获取信息，但喜欢通过"情感"来进行判断。通过情感评估，他们会判断出某件事物对于自己和他人的重要性。因此，SF 型个体在做决策时，往往更有人情味儿。

SF 型个体对于人的关注要远大于对事物本身的关注，因此，他们往往显得善于交际且亲切友善。SF 型的个体非常适合从事那些需要与人近距离接触并充分展现人情味儿的工作，比如儿科医生、护士、教师（尤其是小学教师）、社工、销售或其他一些需要微笑服务的工作。

直觉情感型

与 SF 型个体一样，直觉情感型（NF）个体也颇有人情味儿，他们同样习惯通过"情感"进行判断。但是，因为偏好"直觉"的感知方式，所以 NF 型个体对于具体的信息并不太关注。相反，他们在乎的是"可能性"，比如新项目（那些尚未出现但很可能出现的事情）或新现象（那些人们尚未意识到但即将意识到的现象）。NF 型个体会在无意识中想象这些新项目或新现象，然后凭借自己的直觉进行感知，由此受到各种启发。

NF 型个体兼具人情味和责任心，同时又善于发现各种潜在的可能性，因此格外引人瞩目。NF 型个体既满腔热情又富有远见，他们往往极具语言天赋，不仅能传达出自己的预见，同时也能阐明其中的价值。在那些需要创造性地满足人类需求的行业中，NF 型个体往往能够获得成功和满足感，所以，他们非常适合从事教育（尤其是大学和中学教育）、传播、广告、销售、咨询、临床心理、精神病学、写作以及各种研究工作。

直觉思维型

直觉思维型（NT）型个体同样通过"直觉"进行感知，但又与"思维"判断进行了组合。NT 型的个体虽然也非常关注"可能性"，但他们会对这些"可能性"进行理性客观的分析。他们通常会选择那些合理或可行的"可能性"，而把人情因素置于次要位置。

NT 型个体往往逻辑严谨，为人机敏。他们善于在自己喜欢的领域中解决各种难题，无论是科学研究、电子计算、数学，还是复杂的财政金融，甚至是前沿的技术研发，NT 型个体都能大展身手。

在日常生活中，我们都会遇见这四类人：实事求是的 ST 型；感性友善的 SF 型；热情智慧的 NF 型；以及严谨机敏的 NT 型。

有人也许会质疑，如果我们可以把人分为如此不同的四种类型，为什么在此之前人们都没有意识到呢？事实上，这种区分早已被不同的研究者或理论家反复提出过。

弗农（Vernon）在 1938 年就提出将人分为三种类型，而他所使用的方法虽然与我们不同却极为相似：每一种类型都代表了不同的感知与判断方式的组合。1931 年，瑟斯顿（Thurstone）通过对职业兴趣得分进行因素分析总结出了四种主要的兴趣类型，分别是商务、人文、语言和科学；贡德拉赫（Gundlach）与格鲁姆（Gerum）在 1931 年对兴趣关联性进行了研究，归纳出了人的五种"能力类型"，即技术能力、社交能力、创造力、智力和肢体能力；1928年，斯普兰格（Spranger）从逻辑和直觉的角度分析，指出人可以分为六种类型：经济型、社会型、宗教型、理论型、审美型和权力型。

外倾－内倾偏好

当人们依据各自的偏好对事物进行感知和判断时，由于对内部世界和外部世界的关注度不同，自然会表现出明显的差异。根据荣格给出的定义和解释，内倾（Introversion）与外倾（Extraversion）是两种互为补充的生活态度。内倾型个体更关注内部世界的抽象概念和想法，而外倾型个体则更关注外部世界的各种人和事。因此，如果条件允许，内倾型个体就会专注于对各种观点的感知和判断，而外倾型个体则会基于对外部环境的感知和判断来指导自己的行动。

但这并不意味着我们每个人都只能被局限在内部世界或者外部世界中。发展良好的内倾型个体在必要的时候也能够对外部世界的各种人事应对自如，只不过相对而言，他们更擅长在脑子里思考各种抽象问题。同样，如果发展良好，外倾型个体也能够处理好抽象思维问题，只不过在通过实际行动应对具体的人事问题时，他们会更加得心应手。正如个体的左右利手取向一样，内外倾的偏好也是稳定不变的。右利手的人永远习惯使用自己的右手，而内倾型的人也永远更关注内部世界。

举例来说，在阅读本书时，有些读者会思考如何将书中介绍的理论付诸实践，这就是外倾型视角。而有些读者则更关注该理论背后所蕴含的新观念，他们会尝试借助这一理论来剖析自我、理解人性，这就是内倾型视角。

作为一个与感知和判断完全独立的维度，内外倾偏好中的内倾和外倾也能分别与上面提到的四种感知判断组合进一步组合。比如，在 ST 型的群体中，内倾感觉思维型个体（IST）善于组织与当下环境相关的各种事实和规则，因此他们很适合从事与经济或法律相关的职业。外倾感觉思维型个体（EST）则更关注环境本身，包括环境中那些无关的要素，这样的人无论做生意还是搞生产，总是无往不利、如鱼得水。外倾型的人行动迅速，能够快速推进一件事情，内倾型的人则思虑周全，更能保证事情在预定的轨道上稳步推进。

在 NF 型的人群中，内倾直觉情感型个体（INF）会耐心、谨慎地构建自己的观念体系，并热衷于寻求永恒的真理。外倾直觉情感型个体（ENF）则渴望与人交流并将自己的想法付诸实践。外倾型个体取得的成就往往比较宽广，而内倾型个体获得的成就则堪称深厚。

判断 – 感知偏好

构成个体人格类型的最后一个维度是生活方式，即在日常生活中，个体更偏好感知（Perception）还是更偏好判断（Judgment）。虽然在生活中，我们既需要感知也需要判断，但这两种心理过程是不能同时进行的。因此，我们总会在感知和判断之间来回切换。而有时候，这种切换会显得非常突然，比如，向来对孩子无比包容的父母可能会突然难以忍受孩子的哭闹。

在生活中，我们有时需要用心感知，有时则需要冷静判断，而更多的时候两种方式都是可行的。但大部分人都会更加偏好其中一种生活方式，他们会觉得这种方式更加舒服、自如，并且会尽可能多地采用它来处理各种事务。比如，阅读至此，有些读者还在专心吸收、理解书中所阐述的内容，那么起码在这个当下，他们在使用感知功能。而另外一些读者则已经明确自己是否赞同书中的观点，这时他们就在进行判断。

感知和判断是两种截然相反的态度。在做决策时，个体必须关闭自己的感知，才能全身心地进行判断。此时，个体需要提取所有与决策相关的信息和证据，并忽略其他不相关的干扰因素，直到得出确切的结论。相反，在感知过程中，个体必须停止判断，因为用于决策的信息尚未收集完毕，事态随时可能发生变化，在这期间，得出任何定论都为时尚早。

不同的生活方式偏好会造就不同的人格特征，判断型个体总是把自己的生活安排的井井有条，而感知型个体则喜欢随遇而安。生活方式并无好坏之分。如果个体懂得在必要的时候及时切换自己惯常的生活方式，那么无论是感知型还是判断型，都能生活得顺心如意。

四种偏好类型总结

基于本书阐述的理论，个体在进行感知和判断时的四种偏好类型，共同构成了个体的人格。每一种偏好都像人生道路中的岔路口，个体需要在这些路口决定自己的发展方向。个体能在自己选择的道路上取得多大的成就，取决于他的努力和志向，而根据人格类型理论，个体会选择什么样的道路进行耕耘和发展，则取决于他们在各个人格维度上的偏好，这些天生的偏好决定了他们在人生路口的每一次抉择。

	偏好	对个体选择的影响
EI	外倾 or 内倾	将自己的主要精力投注在外部世界还是内部世界
SN	感觉 or 直觉	当两种感知方式都可行时，选择使用感觉还是直觉
TF	思维 or 情感	当两种判断方式都可行时，选择使用思维还是情感
JP	判断 or 感知	在日常生活中，选择判断态度还是感知态度

个体人格类型的形成

根据该理论，个体在不断运用自己偏好的感知和判断方式的过程中逐渐形成了自己的人格类型。不同的偏好组合会使个体形成不同的兴趣、价值观、需求和心理习惯，并造就一系列可辨识的特质和潜能。

因此，在某种程度上，我们可以用人格的四种偏好组合来描述个体，比如，某个人是外倾直觉思维感知型（ENTP），那么我们就会知道，他的人格特征必然与其他类型的个体存在差异。当我们使用 ENTP 来描述一个人时，我们并不会侵犯他在生活中的自主权。事实上，在形成 E、N、T、P 这四种主观偏好时，个体就已经行使了这一权利。了解并记住一个人的人格类型，不仅是对其人生抉择的尊重，也是对其个人偏好和独特性的尊重。

主导心理功能

我们很容易识别个体偏好的感知和判断方式，却很难确定哪种心理功能才是他的主导功能。毫无疑问，一艘舰船需要一位绝对权威的船长来发号施令，才能顺利抵达预定的港口。如果船上的每个人都轮流掌舵，肆意更改目标并转变航线，那么这艘船永远都不可能顺利靠岸。

同样，个体在决策时也需要一种权威力量作为主导。 为此，个体需要不断锻炼自己擅长的心理功能，使其强大到足以主导并统筹自己的生活。事实上，在事物发展的自然进程中，我们每个人都是这么做的。

比如，对于某些外倾直觉思维型（ENT）个体来说，直觉要比思维有趣得多，因此，他们会将自己的直觉置于主导地位，而把思维作为辅助功能。他们的直觉享有不容置疑的绝对主导权，这是其他任何心理功能都不可企及的。在生活中，他们会最大限度地享受、使用并信赖自己的直觉。

又因为直觉属于一种感知方式，所以 ENT 型个体的生活方式也是感知型的。由此，我们就可以进一步把以直觉为主导功能的 ENT 型个体称为外倾直觉思维感知型（ENTP）。

对于 ENTP 型个体来说，只有在思维判断的结果与自己的直觉不冲突时，他们才会去注意那些非主导的心理功能。即便如此，依据这些功能的发展情况，个体也只是在有限程度上去使用它们。在直觉的驱动下，他们会去追求某些目标，如果此时思维判断有助于实现自己的目标，他们就能够顺利地使用自己的思维，但如果情况相反，他们是不会因为思维判断的阻止而放弃自己直觉到的目标的。

与 ENTP 型个体相反，另外一些外倾直觉思维型（ENT）个体则认为思维比直觉更有用，他们倾向于用思维来主导自己的生活，而将直觉置于次要地位。他们会根据思维来制订自己的目标，而直觉的作用仅仅是提供适宜的方法来帮助思维实现这些目标。思维是一种判断功能，因此，这类以思维为主导功能的 ENT 型个体的生活方式就是判断型的，他们可以被称为外倾直觉思维判断型（ENTJ）。

同样，有些外倾感觉情感型（ESF）的个体会觉得情感比感觉更好用，在生活中，他们会把情感作为主导功能，而感觉只发挥次要作用。他们的情感也就由此获得了绝对优势，丝毫不容置疑。如果其他的心理功能与情感产生冲突，结果必然是情感获胜。在情感的主导下，ESF 型个体会按照情感的价值取向来塑造自己的人生。而因为情感属于判断功能，他们的生活风格便属于判断型。因此，重视情感的 ESF 型个体可以被称为外倾感觉情感判断型（ESFJ）。

只有在其他心理功能与自己的情感判断一致时，ESFJ 型才会去注意自己的感觉和感知。而他们能在多大程度上认可这些非主导的心理功能，则取决于这些功能的发展情况。如果感觉感知的结果有悖于自己的情感取向，他们是不会接受的。

与此相反，还有一些外倾感觉情感型（ESF）个体认为感觉比情感更加重要，他们更重视自己的感觉而轻视情感。因此，他们的生活是感知取向的，对于他们来说，生活的乐趣在于不断地体验，体验各种好看的、好听的、好吃的或者好用的东西。情感可以在适宜的时候发挥辅助作用，但绝对不能干扰感觉的主导。因为感觉是一种感知功能，这些感觉至上的ESF型个体的生活方式也就是感知型的，因此，他们可以被称为外倾感觉情感感知型（ESFP）。

荣格在自己的临床实践工作中注意到了这一现象，即在所有的心理功能中，总有一种心理功能处于主导地位并塑造着人们的生活。他把这一发现与自己早先提出的外倾-内倾偏好结合在一起，构成了他的著作《心理类型》的基础。

当然，也有人并不接受这种观点，他们认为自己对所有心理功能的使用是均等的，并不存在所谓的主导功能。荣格指出，这种现象确实存在，但对于各种心理功能的均等使用同时也阻碍了这些功能的发展和分化，进而导致个体处于一种"原始心理"状态。在处理信息或事务时，如果没有任何心理功能作为主导，那么两种相反的心理功能就会同时运作，并彼此干扰。如果其中一种感知功能想要得到更好的发展，那么个体就需要在这一功能上投注更多的精力，这就意味着另外一种感知功能必须经常关闭，如此一来，其发展自然会逐渐落后。而如果其中一种判断功能想要发展得更好，与之对立的另外一种判断功能也需要做出同样的牺牲。一种感知维度的心理功能和一种判断维度的心理功能可以同时发展，两者可以相互补充。但要想保证个体的生活效率，感觉、直觉、思维和情感这四种心理功能就必须分出主次，进而确保处于主导地位的心理功能得到最为充分的发展。

辅助心理功能

对于个体来说，仅靠一种心理功能是远远不够的。为了维持生活的稳定运作，个体需要另外一种亦充分发展但相对较弱的心理功能作为辅助，其作用主要是积极配合主导心理功能的发挥。如果处于主导地位的心理功能属于判断维度，那么起辅助作用的心理功能就应该属于感知维度：无论感觉还是直觉，都可以为个体的判断提供强有力的信息支持。而如果是感知维度的某种心理功能主导着个体的生活，那么判断维度的心理功能就会处于辅助位置：无论思维还是情感，都可以为个体目标的实现提供源源不断的动力补充。

如果个体没有及时确定并充分发展自己的辅助心理功能，其不良影响是显而易见的。一个没有判断功能辅助的极端感知型个体，就好像一艘满帆却无舵的船，速度虽快却毫无方向。而一个没有感知功能辅助的极端判断型个体，则空有形式却毫无内容，往往显得苍白空洞。

除了在重要的生活事件上作为个体主导心理功能的补充，辅助心理功能还有另外一个职责：维持外倾与内倾、外部世界与内部世界之间的平衡。无论个体属于哪种人格类型，他们都会把自己的主导心理功能更多地投入到自己更感兴趣的事物上，而这些事物对于主导功能的吸引也是天经地义、理所应当的。对于个体来说，自己所选择的人生道路不仅趣味非凡，而且意义重大。只有在自己主动选择的领域中，个体才有可能最大程度地发挥自己的潜力并获得最大的成功，因此，个体必然要毫无保留地将自己最为擅长的心理功能投入其中。而如果个体在生活的次要方面投入过多，其主要人生目标的实现就会受到影响。因此，一般来说，生活中的次要事物都可以交由辅助心理功能来处理。

对于外倾型个体来说，他们的主导心理功能大都投注在外部世界的人和事上，而辅助心理功能则负责打理内部世界。如果没有辅助功能的配合，那么，相对于发展更为平衡的同伴而言，个体就会变得极端外倾和非常肤浅。

内倾型个体则不得不同时面对内外两个世界。无论他们是否情愿，外部世界都会展现在他们面前。内倾型个体把自己的主导心理功能用在了内部世界的各种想法上，辅助心理功能则负责应对外部世界的各种事务。事实上，主导功能会对辅助功能说："你去处理外面那些烦人的事情，不到万不得已，不要来打扰我。"

由于外部世界中很多事情的结果都是显而易见的，所以不到万不得已，内倾型个体往往不太情愿动用自己的主导心理功能来处理外部事务。一旦开始这么做，他们就会在自己并无把握的外部世界中越陷越深，而这同时也会侵犯他们内心的隐私和平静。

因此，要想处理好外部世界的人和事，内倾型个体必须依靠辅助心理功能的帮助。如果处于辅助地位的心理功能发展不良，那么，内倾型个体在面对外部世界时就会局促不安、状况百出，并会深感不适。所以说，如果缺乏辅助心理功能，内倾型个体的生活就会面临极其严峻的考验。而同样的问题如果发生在外倾型个体身上，则只不过是某种尚能忍受的缺陷而已。

辨别内倾型个体的主导心理功能

对于外倾型个体来说，其主导心理功能是展露在外的，可以说显而易见。他们最信任、最擅长也最成熟的心理功能几乎都被投注在外部世界。因此，他们的主导心理功能是外显的，即便通过随意的接触，对方也能轻易发现。

内倾型个体的情况则截然相反。他们的主导心理功能向来是对内的，即便在必须面对外部世界的时候，他们也往往先动用自己的辅助心理功能。如果与他们的关系不是非常亲密，或者对他们的工作不是极其好奇（这可能是接近内倾型个体的最好方法），一般人很难走进他们内心。大多数人只能看到内倾型个体展现给外部世界的一面，但此时他们使用的往往是辅助心理功能，是他们第二擅长的功能。

因此，在辨别内倾型个体的主导心理功能时，人们很容易得出相反的结论。那些以思维或者情感（判断维度）为主导心理功能的内倾型个体，表面看来却往往不像判断型。而那些辅助心理功能属于感知维度的个体，对外表现为感知型，对内的主导心理功能却属于判断型。若非遇到与自己的内部世界息息相关的重要事件，他们的判断功能是不会轻易表现出来的。而一旦遇到这样的情况，他们就会出人意料地态度明确、立场分明，展现出自己的判断型特质。

同样，那些以感觉或直觉（感知维度）为主导的内倾型个体，表面看来也不像感知型。他们会把作为辅助的判断功能展现在外，以判断型的姿态来应对外部世界，而保留更为重要的感知功能来处理自己的内部世界。

在分辨主导和辅助心理功能的区别时，一种有效的方法是把主导心理功能看作"将军"，把辅助心理功能视为将军的"助手"。对于外倾型个体来说，将军总是亲自在外抛头露面，人们可以直接在外面找到将军并与其沟通和处理各种事务。无论何时何地，人们都能直接从将军那里得到最权威的官方决议；而他的助手则恭恭敬敬地在一旁待命，抑或是蹲守在军帐里面。而内倾型个体的将军则总是在军帐里坐镇，处理各种军机要务；而助手则在外面替他挡驾，或者也在军帐里面协助将军，并不时地代将军出去巡视，查看是否有异常情况。如果有人求见，将军首先会派助手接见和处理，只有遇到非常重要的事务（或者求见者是非常亲密的朋友）时，将军本人才会露面。

有些人会忽视在军帐里面还有一位地位远高于助手的将军，以为眼前接触到的助手就可以主管一切，这是非常令人遗憾的。这种失误会让他们低估内倾型个体的真正实力，同时也容易误解对方的意愿、计划和观点，因为所有这些重要的内部信息的唯一来源就是将军本人。

因此，在与内倾型个体打交道时，绝不能仅凭三言两语的接触就以为知道了他们真实的想法。任何时候，如果需要内倾型个体做决定，我们应该尽可能全面地将相关信息都告知对方，如果对方认为事关重大，那么将军就会亲自出马并展现出不同的一面，如此一来，最终的决定就更不容易出错。

如何辨别个体的主导心理功能

有三种方法可以帮助我们从人格类型的四个字母组合中辨别出个体的主导心理功能。首先，处于主导地位的心理功能必然属于感知维度（第二个字母）或者判断维度（第三个字母）。

我们可以从个体的判断和感知偏好（JP）中发现其主导心理功能，但是需要区别对待外倾型和内倾型个体。判断和感知偏好（JP）仅反映了个体应对外部世界的方式。正如前文所讲，外倾型个体会使用自己的主导心理功能来处理外部世界的事务，因此，我们可以直接通过他们的判断和感知偏好（JP）进行辨别。如果一个外倾型个体的人格类型是以"J"结尾的，那么他的生活方式就属于判断型，进而就可以推断他的主导心理功能应该是思维（T）或情感（F）中的一种。同理，如果他的人格类型是以"P"结尾的，他的生活方式就是感知型，而他的主导心理功能必然属于感知维度，不是感觉（S）就是直觉（N）。

内倾型个体则恰恰相反，他们的主导心理功能并不会体现在判断和感知偏好（JP）中，因为他们一般不会动用自己的主导心理功能来处理外部事物，相反，在外部世界抛头露面的是他们的辅助心理功能。因此，如果一个内倾型个体的人格类型以"J"结尾，那么，他的主导心理功能反而应该是来自感知维度的感觉（S）或直觉（N）。如果其人格类型以"P"结尾，那么，他的主导心理功能就应该是来自判断维度的思维（T）或情感（F）。

为了便于读者直接查询，我们在表 1-1 中列出了全部 16 种人格类型的主导心理功能（划线的字母）。

	ST	SF	NF	NT
I – – J	ISTJ	ISFJ	INFJ	INTJ
I – – P	ISTP	ISFP	INFP	INTP
E – – P	ESTP	ESFP	ENFP	ENTP
E – – J	ESTJ	ESFJ	ENFJ	ENTJ

外倾型	内倾型
判断感知偏好（JP）反映了个体处理外部世界的方式	判断感知偏好（JP）反映了个体处理外部世界的方式
判断感知偏好（JP）反映了个体的主导心理功能	判断感知偏好（JP）反映了个体的辅助心理功能
主导心理功能用在外部世界	主导心理功能用在内部世界
辅助心理功能用在内部世界	辅助心理功能用在外部世界

表 1-1 每种人格类型的主导心理功能

第二章　荣格理论的扩展

在第一章，我们用相对简单的方式对荣格《心理类型》中的基本理论进行了介绍，并以发展良好的个体的日常生活为例，对该理论做了进一步的解释。除了主导的心理功能，这些个体也充分发展了自己的辅助心理功能，进而实现了判断与感知、外部世界与内部世界之间的平衡。在其著作中，荣格并没有提及这些充分发展了辅助心理功能并将其自如地应用在日常生活中的人格健康和谐的个体。他仅对几种心理过程的典型特性及其对应的内倾和外倾形式进行了描述。所以说，荣格所描述的其实是人群中的少数派，这些个体代表着理论上"纯粹"的人格类型，他们几乎没有或很少发展自己的辅助心理功能。

荣格的这种分析方法存在一定的弊端。因为忽视了辅助心理功能，荣格也就忽视了感知与判断相互交叉的诸多领域，比如商务、人文、语言和科学等。在人们的日常生活中，感知与判断总有交叉的地方，但荣格却在其著作中删除了两者交叉的部分。结果，其他研究者在遇到这一问题时，便纷纷创造了不同的名目对其进行解释，他们并没有意识到自己的发现与荣格理论的相通之处。

对辅助心理功能的忽视还导致荣格对内倾型个体的描述出现了扭曲，这是非常严重的错误。我们知道，内倾型个体依靠辅助心理功能来应对外部世界，他们表现在外的人格特质、交流方式和行为举止都是辅助心理功能作用的结果。而如果不考虑内倾型个体的辅助心理功能，就等于否认了他们面对外部世界的能力，如此一来，在现实生活中，内倾型个体恐怕就成了不懂沟通、毫无远见、对社会无足轻重的废物。

讽刺的是，荣格本人对于抽象事物的强烈热情背叛了他的理论观点。荣格非常认可内倾型人格特质，并在《心理类型》中用了大量的笔墨来描述"纯粹"的内倾型个案。在他的描述中，这些内倾型个体没有丝毫外倾偏好，而荣格则把这些极端内倾的个体作为典型，用来说明内倾人格的一般特征。事实上，在良好的辅助心理功能的协助下，内倾型个体在处理外部世界的事务时往往非常高效，他们对于外部社会的发展同样起着至关重要的作用。但荣格却忽视了这一点，而他提出的心理类型理论也因此遭到了人们的频繁误解。很多误解颇深的读者甚至认为，个体在外倾-内倾维度上的差异就是个体在适应性上的差异，但在荣格的理论中，这一维度其实是指个体在外部世界和内部世界之间的合理取向。

在很多与人相关的事情上，比如教育、咨询、招聘、沟通，以及家人之间的相处等，我们都可以用荣格的理论作为指导。但在荣格的读者中，很少有人意识到他的人格类型理论其实与人们的日常生活息息相关，因此，一直以来，荣格理论的实践与应用价值都被人们忽视了。

荣格理论的缺陷

一套实用的人格理论必须能够准确地描述并解释个体的真实状态。因此，荣格的理论必须在以下三点内容上进行扩展。

辅助心理功能的常态化存在

首先，为了实现人格的平衡，个体必须充分发展自己的辅助心理功能，使之与主导心理功能相配合。在《心理类型》中，荣格在讨论完全部人格类型之后，才首次提到了辅助心理功能。

■ 我希望读者们在读完本书前面的内容之后，不会误认为我在书中所描述的这些"纯粹"的人格类型在现实生活中是普遍存在的。

- 在最具区分性的主导心理功能之后，还跟随着另外一种次要的心理功能，因为不是最重要的功能，因此个体常常很难清楚地意识到它的存在。但这一次要功能却是经常出现的，并且起着一定的决定作用。

- 实践证明，次要功能与主导功能虽然并不对立，但两者却有着本质的区别。比如，以"思维"为主导心理功能的个体，可以另外发展"直觉"或"感觉"作为自己的辅助心理功能，但却不能与同属于判断维度的"情感"进行组合。

感知与判断组合的结果

在本书的第一章，我们对感知与判断的不同组合形成的不同人格特征进行了说明，同时也指出了每种人格类型最具辨识性的特征。而荣格对此的全部描述仅为以下这段话：

当感觉与判断进行不同的组合后，截然不同的人格特点便清楚地呈现在我们眼前。实践能力强的个体往往是感觉型的，而卓越的推理能力则与强大的直觉密不可分。其中，艺术性直觉能够通过情感判断来选择并展现出各种图画意象，而哲理性直觉在理想思维的协助下，能够将个体的所见所感通过哲学思辨转换成有意义的思想。

辅助心理功能对"外倾－内倾"的平衡作用

辅助心理功能可以为内倾型个体提供必要的外倾性，也能为外倾型个体提供必要的内倾性，这一点是非常重要的。有了辅助心理功能的帮助，外倾型个体才能感受到自己的内心并进行深入的思考，而内倾型个体也才能适应外部世界并有效地应对现实生活中的各种人事。

但对于这一点，荣格只是用非常隐晦的语言进行了极其简短的描述。因此，除了范·德·霍普（van der Hoop），几乎所有荣格的追随者都忽略了这一点。他们以为个体用自己发展最好的两种功能来处理自己偏好的领域中的问题（都用在外部世界或都用在内部世界），而另外两种发展不良的心理功能则被个体用来应付自己不擅长的领域中的问题。荣格这样写道：

对于现实生活中不同人格类型的个体来说，除了意识层面的主导心理功能，他们还有一种处于无意识层面的辅助心理功能，这一辅助功能的性质在各方面都与主导心理功能不同。

这段话的关键词是"各方面"。如果辅助心理功能在各方面都不同于主导心理功能，那么，如果主导心理功能作用于内部世界，辅助心理功能就不可能也作用于内部世界。如果主导心理功能是对内的，那么辅助心理功能必然需要对外；如果主导心理功能是对外的，那么辅助心理功能就应该是对内的。这一观点也从荣格书中的两句话上得到了印证，第一句是关于内倾思维型的，第二句则是关于外倾型的。

相对而言，处于无意识层面的情感、直觉和感觉，平衡了内倾思维型个体的人格，它们的发展水平相对较低，具有原始、外倾的特质。

当外倾特质占据了个体人格的主导地位…个体就会不断地将其最具辨识度且高度发展的心理功能投注在外部世界，而那些发展相对较差的心理功能则被用在内部世界。

辅助心理功能负责帮助内倾型个体应对外部世界，帮助外倾型个体打理内部世界，这一结论也得到了日常观察的证实。通过观察一个具有和谐人格的内倾型个体，我们就会发现他对外的表现是由辅助心理功能负责的。比如，ISTJ 型个体（内倾感觉型，偏好以思维作为辅助心理功能，而非感觉）通常使用思维这一发展水平稍次的辅助心理功能来处理外部世界的事务，并因此表现出客观有序的处事风格。只有在发展最好的感觉和稍次的思维都忙于打理内部世界时，ISTJ 型个体才会启用排在第三的情感来应对外部世界。同样，INFP 型个体（内倾情感型，偏好以直觉作为辅助心理功能，而非情感）一般使用发展水平排在第二的直觉来处理外部世界的事务，并对外表现出冲动、投射和热情的特点。只有在万不得已的情况下，他才会使用发展水平排在第三的感觉来应对外部世界。

更微妙的是，内倾型个体的辅助心理功能会表现出"外倾特点"。比如，面对一个拥有和谐人格的 ISTJ 型个体，我们能够直接观察到他的辅助心理功能——思维，并且这种思维与外倾思维型更为相似，而非内倾思维型。对于任何内倾型个体来说，他们的辅助心理功能都带有这样的"外倾特点"。在本书第八章的表 8-1 至表 8-4 中，我们详细地对比了外倾思维型与内倾思维型、外倾情感型与内倾情感型等类型之间的区别，大家可以参照表格对这一点进行验证。

因此，良好的人格发展需要辅助心理功能在两个方面对主导心理功能进行配合。辅助心理功能不仅要协调感知与判断之间的平衡，还要维持外倾与内倾之间的平衡。若非如此，个体就会陷入人格"失调"状态，退缩到自己偏好的世界里面，并有意无意地对另外一个世界产生恐惧。这类例子的确存在，而且似乎也确实能够证实在众多荣格研究者中广为流传的理论假设，即主导心理功能和辅助心理功能在外倾和内倾性上是天然一致的，两种心理功能要么都用于外部世界，要么都用于内部世界。但这类例子并没有普适性，它们其实都是辅助心理功能发展或使用不充分的表现。要想幸福、高效地生活，个体就需要辅助心理功能来发挥平衡作用，进而顺利地适应日常生活构成的外部世界和自己的内心世界。

16 种人格类型

如果将辅助心理功能纳入人格类型理论中，那么，荣格所提出的每一种人格类型都可以进一步分为两类。例如，内倾思维型又可以分为内倾感觉思维型和内倾直觉思维型。这样一来，荣格最初所提出的 8 种人格类型就可以扩展到 16 种。如果这 16 种人格类型的数量是随机设定的，而且不同人格类型之间也没有任何关联，那么人们是很难记住的。但是，这其中的每一种类型都是由不同维度的偏好根据一定的逻辑组合而来的，而且具有相同维度偏好的人格类型具有高度的相关性。（在第三章的表 3-1 中，读者可以清楚地看到这 16 种人格类型之间的逻辑关系。）

在观察、识别某个人的人格类型时，我们不必同时考虑所有的可能。只要能确定个体在其中任何一个维度上的偏好，我们就可以将其可能倾向的人格类型数量缩减一半。比如，如果已经确定了对方是内倾型（I），那么，他的人格类型必然属于 8 种内倾型（I）人格中的一种。如果进一步确定了对方是内倾直觉型（IN），那么，他的人格类型就会进一步压缩到 4 种内倾直觉型（IN）中的一种。而如果我们还发现对方在进行判断时更偏好思维而不是情感，那么就可以确定他的人格类型是内倾直觉思维型（INT）的。剩下的最后一步便是确定对方的主导心理功能，这就取决于他在判断-感知维度（JP）上的偏好了。

判断 – 感知偏好

个体在判断－感知（JP）维度的偏好是构成其完整的人格类型的最后一步。正如我们在本书第一章中所解释的那样，这一维度是确定个体主导心理功能的关键。然而，荣格研究者们却无法在《心理类型》中找到关于 JP 偏好的任何说明和指导。尽管在讨论外倾型个体时，荣格曾不时地提到他们的判断和感知类型，但他从未提及不同的内倾型个体在判断和感知的偏好上存在差异，并且这种差异还体现在他们对外部世界的应对上。当然，这一疏忽是不可避免的，因为荣格从来没有提到内倾型个体也有一定的外倾性，他们也需要面对外部世界的人和事。

相反，荣格用"理性"和"非理性"对不同的人格类型进行区分：以思维或情感作为主导心理功能的个体属于"理性型"，以感觉或直觉作为主导心理功能的个体则属于"非理性型"。但这种区分方式对于人格类型的确定并没有什么实际价值。以内倾情感型个体为例，他们的理性是非常内在且细微的，一般人根本就觉察不到，即便是当事人，也很难确定自己是否有理性的一面。保险的做法是通过个体更为简单直接的反应来进行辨别。

而个体对 JP 的偏好恰恰就能体现在一些简单直接的反应上，因此，以 JP 偏好作为人格的第四个维度是再合适不过的。我们只需记住，JP 偏好反映的是个体的外在行为偏好，所以对于内倾型个体来说，这一维度只能间接地指明其主导心理功能。总的来说，以 JP 偏好作为人格类型的第四个维度有以下三大优势：1）容易确定；2）易于描述，且包含了很多重要的结论和特质；3）对分类的表述积极，不会惹怒任何类型的个体。无论个体是判断型还是感知型，都能在这一维度中看到自己的优势，而在很多人的理解中，"非理性"更像贬义词。

事实上，在荣格的《心理类型》出版之前，凯瑟琳·库克·布里格斯就在一项未公开发表的人格研究中，将 JP 偏好纳入自己提出的人格理论中了。布里格斯提出的人格分类体系与荣格的心理类型理论极其相似，只是在细节的阐述上相对浅显。她提出的"沉思型"（meditative type）包含了荣格理论中所有的"内倾型"。她提出的"自发型"（spontaneous type）对应着荣格理论中的"外倾感知型"，这类个体的感知能力发展得最好，表现也最为明显。她提出的"执行型"（executive type）准确地描述了"外倾思维型"个体的特征，而她提出的"社交型"（sociable type）其实就是荣格所指的"外倾情感型"。

当荣格的《心理类型》在1923年出版时，布里格斯发现荣格人格理论的深度远远超越了自己，于是便开始集中精力对其进行深入学习。正如本书在前面所引述的荣格的观点所言，布里格斯认为荣格真正想要表达的意思是，辅助心理功能负责打理内倾型个体的外部世界。她仔细观察了自己身边的"沉思型"朋友的对外表现，进而确认了荣格的观点是正确的。

布里格斯还发现，如果内倾型个体的辅助心理功能属于感知维度，那么个体在生活中就会采取感知态度，并且以一种相对安静的方式对外表现出与外倾感知型个体非常相似的"自发型"人格特质。而如果其辅助心理功能属于判断维度，那么个体在生活中就会采取判断态度，对外表现出的人格特质则是"非自发型"的。

布里格斯对于"自发型"人格的理解促使她发现了不同类型的个体在生活中所表现出的感知态度和判断态度，也正是这一点，构成了人格类型理论中的第四个维度。判断－感知（JP）偏好与其他三个维度——外倾－内倾（EI）、感觉－直觉（SN）和思维－情感（TF）——一起构成了完整的人格类型理论。布里格斯归纳总结了个体在四个人格维度上的不同偏好所造成的不同影响，她的工作为这一人格理论的日后发展奠定了坚实的基础。

人格维度的两极性

在人格类型理论中，每一个人格维度都包含着两个相互对立的极点，凯瑟琳·布里格斯和我便是以这四个维度八个极点为基础，展开了后续的人格类型研究。但这些内容并不是我们发明或发现的，事实上，它们原本就存在于荣格的功能类型理论中。这一理论是荣格基于自己多年的观察，并综合当时所有已知的人格知识而形成的。不过，与定义具体的心理过程相比，我们更关心如何通过观察或推测来描述不同的人格维度偏好所造成的不同结果，以及如何通过最易观测的（并非最重要的）结果来构建一种有效的人格类型识别工具。

越是外在的特征就越容易描述，因此，很多细微的反应往往能够帮助我们识别个体的人格类型。但是，这些表面的特征就像是随风摆动的稻草，它们虽然能够指示风向，但并不等于风本身。同样，无论是人格类型的外在体现，还是用以测查人格类型的量表题目，抑或是那些描述人格类型的语句，都不能等同于个体的某种生活态度、感知或判断的心理过程。个体在四种人格维度上的不同偏好本身就是客观存在且能够直接观察到的事实。

我们都知道，每个人都可以自由地选择将自己的兴趣和精力投注在两个世界中的一个。其中一个是外部世界，所有的事情都发生在个体之外，或者说是"脱离"个体的。另一个就是内部世界，所有的事情都发生在个体的脑海中，因此，个体本身也是内部世界不可或缺的组成部分。

此外，我们也很容易发现，每个人都能够完全自主地选择以感知或者判断的态度来应对外部世界的各种事务。我们可以纯粹以感知的态度去生活，在事情发生的当下不做任何主观评判；也可以完全不去感知，单纯以判断的态度去看待这个世界。

在心理活动过程中，我们可以使用的感知方式显然不止一种。除了通过感觉直接获取信息外，我们也可以通过微妙的直觉来预测可能发生什么，或者可以做到什么。

最后，我们还会发现（至少在他人身上），进行判断的方法也有两种：一种是思维，一种是情感。这两种判断方法我们每天都会接触到，只不过有时候非常明显，有时候则比较隐晦。

因此，正如荣格所言，这些彼此对立的偏好本身并不是什么新鲜事物，它们原本就存在于人们的日常生活中。当我们真的开始思考这一问题时，就会发现这其实就是生活常识。而问题在于，荣格说，这些偏好在不同人格类型的个体身上表现得各不相同。每种类型的个体都会用自己独特的方式来感受这些偏好。哪怕我们"完美地"搜集了关于所有人格类型的所有信息，也很难为这些偏好拟出完美的定义，使之适用于每一个人。可是，如果我们不再执着于寻求所谓的定义，转而去查看自己的生活体验，我们就会不约而同地发现，在上述的四个人格维度上，确实都存在着一对相反的偏好。无论它们最终的定义是什么，事实就是事实。

荣格的贡献在于，他通过对这些知识进行梳理总结，发现个体最初在四个人格维度上的偏好选择决定了其感知与判断功能的发展路径，并最终对个体的人格形态产生了重大影响。基于这一重要的观点，我们便能够对那些简单的个体差异、复杂的人格属性，以及各种不同的动机和满足感做出统一连贯的解释。除此之外，这一观点还能够让我们从全新的角度去理解年轻人的发展。

荣格将自己的理论看作理解自我的辅助工具，但这一理论的实际应用（与理论本身一样）已经远远超越了他原本的设想。人格类型的理念不仅影响了我们对事物的感知和判断，也让我们发现了自己最珍视的东西。因此，只要我们还需要与他人交流，只要我们还在与他人共同生活，只要我们的决定还会对他人造成影响，荣格的人格类型理论就必然会对我们大有裨益。

第二部分

人格维度与人格类型

第三章　人格类型表

不同类型的个体会以不同的方式感受人格维度中的两极偏好，而在不同人格偏好的影响下，不同类型的读者自然也会从不同的角度理解人格类型理论，并对不同人格类型对个体生活的不同影响产生不同的认识。在接下来的章节中，我们会分别就不同的人格类型展开深入讨论，并展示大量的统计数据和表格。当大家清楚了自己的人格类型之后再来阅读这些内容，一定会有更深的体会。

因此，从事 MBTI 的人，应该在日常生活中观察不同人格偏好的实际表现，并与相应的理论描述进行对比。在这一过程中，观察者也许会有新的发现，并想要对原有的理论描述进行修改，使之能够更加符合自己的理解。总之，通过各种方式去直接了解不同的人格类型是非常重要的。

麻烦的是，一共有 16 种不同的人格类型，一般人很难全部记住这么多内容。因此，只有通过比较和对比，才能够清晰地看到不同类型之间的区别。要想记住自己阅读过和观察过的关于不同人格类型的内容，最简单的方法就是借助自己的家人和朋友来构建一张"人格类型表"。

人格类型表是用来了解不同人格类型之间的关系的工具。在人格类型表中，具有相同偏好和特质的人格类型会被归纳在一起。因此，无论是用来分析研究数据，还是整理个人的观察体会，这一工具都非常有用。如果我们用朋友和家人的名字来制作专属自己的人格类型表，不同人格类型之间的差异就会显得格外"接地气"。

通过人格类型表来查看不同的人格类型非常简单。下面这些技巧，能够有效地帮助我们进行记忆。

"感知"是最早出现也最易观察的维度，因此，人格类型表从"感知"维度开始，分为"感觉型"（S）和"直觉型"（N）。所有感觉型的人格类型都被分在表格的左边，直觉型的人格类型则被分在右边。要记住哪一边是哪种类型是很容易的：在我们所说的"SN 偏好"中，"S"（感觉）在左边，而"N"（直觉）在右边。因此，制作人格类型表的第一步就是：

感觉	直觉
—S——	—N——

接下来就是"判断"，这可能是第二个容易辨别的维度。将左右两边的人格类型分别按照"思维"（T）和"情感"（F）进行分类，我们就会得到由感知和判断两大维度所构成的四个组合。包含"情感"（F）的两个小组彼此相邻，居于人格类型表的中间，而包含"思维"（T）的两个小组则分别居于人格类型表的两侧。这种布局方式同时也反映了"情感型"的人与他人的关系更加亲近，而"思维型"的人与他人的距离则相对较远。因此，制作人格类型表的第二步就是：

感觉		直觉	
思维	情感	情感	思维
—ST—	—SF—	—NF—	—NT—

请注意，在从一种组合过渡到另一种组合时，一次只有一种偏好发生变化。这样，在人格类型表中，任何一种人格类型都会与其相邻的人格类型具有某种相同的心理功能。

下一步，就是对"外倾"（E）和"内倾"（I）进行区分。"内倾型"的人格类型集中在人格类型表的上方或者"北方"，按照新英格兰地区的传统，"北方"也代表着沉默、矜持、慢热、自顾自。而"外倾型"的人，可想而知则更加开放、随和、健谈、友好，因此，"外倾型"的人格类型集中在人格类型表的下方或"南方"。（请不要据此推断人格类型存在地理差异。）因此，制作人格类型表的第三步就是：

	感觉		直觉	
	思维	情感	情感	思维
内倾	I S T —	I S F —	I N F —	I N T —
外倾	E S T —	E S F —	E N F —	E N T —

最后一步，就是按照"判断"或"感知"的生活方式进行区分，将人格类型表中的每一行都进一步分为两行，而最终的人格类型表就呈现为一个 4×4 的表格。

			感觉		直觉	
			思维	情感	情感	思维
			—S T —	—S F —	—N F —	—N T —
内倾	判断	I ——J	I S T J	I S F J	I N F J	I N T J
	感知	I ——P	I S T P	I S F P	I N F P	I N T P
外倾	感知	E ——P	E S T P	E S F P	E N F P	E N T P
	判断	E ——J	E S T J	E S F J	E N F J	E N T J

表 3-1 人格类型表

如表 3-1 所示，人格类型表的最后一行全部用来放置"E—J"的人格类型，也就是外倾判断型；紧接着，倒数第二行都是"E—P"，也就是外倾感知型；按照每一次只变动一种偏好的规则，再上面一行都是内倾感知型"I—P"；而最上面的一行，则都是内倾判断型"I—J"，与最下面一行的外倾判断型"E—J"相互平衡。如此一来，阻抗性较强的人格类型，比如"思维型"（T）和"判断型"（J），就分别位于表格的左右两侧和上下两端，形成了人格类型表的四面围墙；而相对温和的情感感知型（FP）则居于人格类型表的内部。那些同时具有"思维"和"判断"两种强阻抗性偏好的人格类型，也就是意志坚强、决策果断的思维判断型（TJ），则分别镇守着人格类型表的四个角落。

至此，我们的脑海中就会形成这样一个表格：由左向右分别是"感觉型"（S）和"直觉型"（N）；"情感"（F）与其他不同的维度偏好进行组合，居于人格类型表的中央；表格的北方（上方）是"内倾型"（I），南方（下方）则是"外倾型"（E）；而"判断型"（J）则冲锋陷阵，守在人格类型表的上下两端。如此一来，我们就能够牢牢地记住人格类型表，并且能够随时从记忆中提取使用。更重要的是，人格类型表构建了一个关系清晰的逻辑框架，所有的人格类型都可以在这个框架中找到自己的位置。

本书的最后附有完整的人格类型表。对于每一种人格类型，我们都保留了足够的空间，如果你愿意，你可以根据朋友、家人或者同事的人格类型，将他们的名字填在对应的格子里。当这个人格类型表填满了各种名字以后，我们通过对比表格上部和下部的人的差异，就会明白"内倾型"（I）和"外倾型"（E）的区别所在；而对比表格左边和右边的人，我们就会清楚"感觉型"（S）和"直觉型"（N）的不同之处；表格外围和内部的人的差异，对应的是"思维型"（T）和"情感型"（F）的区别；而表格上下两行与中间两行的人的差异，则对应着"判断型"（J）和"感知型"（P）的不同。

如此，每一种人格偏好对个体产生的影响就显而易见了，不同的偏好会组合成不同的人格类型，而人格类型表的特定区域就代表了特定的人格类型特征。很多精神病专家自然属于"直觉情感型"，而年轻的经理人显然更可能是"思维判断型"。毫无疑问，沃顿商学院金融和贸易专业的很多学生都是"外倾感觉型"，而加州理工学院的很多学生都是"内倾直觉型"。

反之，如果我们按照职业、专业和学历等指标，分析一个群体样本在人格类型表中的分布特征，那么，集中在某个区域或某种人格类型中的样本特征，也许会为我们带来新的发现和启示。

在定义某一种或某一组人格类型时，字母比文字更精确也更方便。如果几种不同的人格类型具有某一个或某几个相同的人格偏好，那么，我们就可以用它们共有的字母来定义这一组人格类型，这些相同偏好的字母按照统一的顺序排列，而那些不同偏好的字母则用一字线代替。

本书中所有人格类型的定义都是广义的。因此，人格类型表中左半部分的8种人格类型统一称为"感觉型"，而右半部分的8种人格类型则都属于"直觉型"。

另一方面，严格来说，"内倾直觉型"是指以"直觉"为主导心理功能的"内倾"型个体，因此可以进一步定义为"内倾直觉判断型"（IN—J）；而"外倾直觉型"则是指以"直觉"为主导心理功能的"外倾"型个体，因此可以进一步定义为"外倾直觉感知型"（EN—P）。同样，"内倾感觉型"也就是"内倾感觉判断型"（IS—J），而"外倾感觉型"则是指"外倾感觉感知型"（ES—P），依此类推。这就是荣格最初提出的8种人格类型。

在本书中，我们使用了大量的介词"和"（with），这一介词仅用来表示不同人格偏好的组合，并不涉及不同偏好的主次地位。比如，在人格类型表右上方的4种"内倾直觉型"（IN）人格类型，只表示这类个体是偏好"直觉"和"内倾"的，而"直觉情感型"（NF）也只意味着这类个体是偏好"直觉"和"情感"的，其他亦然。

接下来，表3-2至表3-22展示了不同字母组合的含义，不仅如此，这些表格还展示了不同人群在不同人格类型上的分布概率，这些数据对于我们深入探索人格类型非常有用。对于某个特定人群的样本来说，如果该样本在某种人格类型上的数量分布显著地高于（或低于）预期，那么很可能受到了这一人格类型某些特质的影响。

为了验证这一假设，我们必须先对不同人群在不同人格类型上的概率分布做出合理的估计。在本章中，我们选用的大部分人格类型表都是为了这一目的。如表3-2所示，我们以正在准备大学录取考试的3503名高中男生为样本，分析了这一群体在不同人格类型上的分布概率。此外，表3-4和表3-7的样本同样来自这一群体。在1962年版的《MBTI操作手册》的第45页，所有这些统计数据都被看作高中生人格类型分布的预期概率。

	感觉		直觉		
	思维	情感	情感	思维	
	ISTJ N = 283 8.1%	**ISFJ** N = 139 4.0%	**INFJ** N = 74 2.1%	**INTJ** N = 164 4.7%	判断 内倾
	ISTP N = 180 5.1%	**ISFP** N = 153 4.4%	**INFP** N = 146 4.2%	**INTP** N = 209 6.0%	感知
	ESTP N = 271 7.7%	**ESFP** N = 225 6.4%	**ENFP** N = 250 7.1%	**ENTP** N = 276 7.9%	感知 外倾
	ESTJ N = 549 15.7%	**ESFJ** N = 227 6.5%	**ENFJ** N = 124 3.5%	**ENTJ** N = 233 6.6%	判断

	N	%	N	%	
E	2,155	61.5	2,165	61.8	T
I	1,348	38.5	1,338	38.2	F
S	2,027	57.9	1,793	51.2	J
N	1,476	42.1	1,710	48.8	P

表 3-2 准备考大学的高中男生（N=3,503）

在表 3-2 至表 3-22 中，我们展示了不同人格类型的人数分布的最高概率和最低概率。在这些表中，我们可以看到每一种人格类型的分布比例，其中，一个黑色方格代表 2%，一个黑色圆点则代表 2 人。（黑色圆点出现在样本量不足 100 人的表 3-15、表 3-16、表 3-17 和表 3-19 中。）在表的下面，我们还按照人格类型的四个维度，分别展示了每个维度的两种人格类型所占的总人数及其比例。

ISTJ	ISFJ	INFJ	INTJ
N = 149	N = 82	N = 5	N = 18
10.4%	5.7%	0.3%	1.3%
ISTP	**ISFP**	**INFP**	**INTP**
N = 122	N = 102	N = 26	N = 27
8.5%	7.1%	1.8%	1.9%
ESTP	**ESFP**	**ENFP**	**ENTP**
N = 168	N = 129	N = 45	N = 40
11.8%	9.0%	3.2%	2.8%
ESTJ	**ESFJ**	**ENFJ**	**ENTJ**
N = 293	N = 178	N = 16	N = 30
20.5%	12.5%	1.1%	2.1%

	N	%	N	%	
E	899	62.9	847	59.2	T
I	531	37.1	583	40.8	F
S	1,223	85.5	771	53.9	J
N	207	14.5	659	46.1	P

表 3-3 不准备考大学的高中男生（N=1,430）

ISTJ	ISFJ	INFJ	INTJ
N = 216	N = 105	N = 52	N = 108
8.3%	4.0%	2.0%	4.1%
ISTP	ISFP	INFP	INTP
N = 151	N = 126	N = 103	N = 145
5.8%	4.8%	4.0%	5.6%
ESTP	ESFP	ENFP	ENTP
N = 218	N = 193	N = 170	N = 184
8.4%	7.4%	6.5%	7.1%
ESTJ	ESFJ	ENFJ	ENTJ
N = 440	N = 164	N = 78	N = 150
16.9%	6.3%	3.0%	5.8%

	N	%	N	%	
E	1,597	61.4	1,612	61.9	T
I	1,006	38.6	991	38.1	F
S	1,613	62.0	1,313	50.4	J
N	990	38.0	1,290	49.6	P

表 3-4 准备考大学的高中男生（N=2,603）

表 3-3 和表 3-4 的样本来自费城郊区 25 所中学的 11 年级和 12 年级的男生。这些男生在 1957 年的春季填写了 MBTI 的 D2 版本，之所以选择在春季进行测查，是因为在这一时期，在准备考大学和不准备考大学的学生之间会呈现出显著差异。我们发现这两类学生之间最大的差异就是，在不准备考大学的高中男生中，"直觉型"学生的分布概率明显偏低，在准备考大学的高中男生中，属于"直觉型"人格类型的学生的分布概率则高达38%。

除了"感觉"（S）和"直觉"（N）偏好外，准备考大学和不准备考大学的高中男生在其他人格维度偏好上的分布概率差异都不大。在表 3-3 和表 3-4 中，概率最高的人格类型都是"感觉型"（S），也就是"外倾感觉思维判断型"（ESTJ），而概率最低的则是"直觉型"（N），也就是"内倾直觉情感判断型"（INFJ）。而在其他的人格类型上，这些样本都呈现出比较均匀的分布。这一点非常合理，因为高中生原本就是一个由各种不同类型的个体共同构成的异质群体，他们在未来会朝着各种不同的方向发展。事实上，大学生群体的人格类型表（表3-11至表3-18）也显示出了与此类似的分布趋势。

ISTJ	ISFJ	INFJ	INTJ
N = 120	N = 240	N = 13	N = 7
6.4%	12.7%	0.7%	0.4%
ISTP	**ISFP**	**INFP**	**INTP**
N = 36	N = 125	N = 36	N = 14
1.9%	6.6%	1.9%	0.7%
ESTP	**ESFP**	**ENFP**	**ENTP**
N = 84	N = 259	N = 95	N = 15
4.5%	13.7%	5.0%	0.8%
ESTJ	**ESFJ**	**ENFJ**	**ENTJ**
N = 305	N = 476	N = 46	N = 13
16.2%	25.3%	2.5%	0.7%

	N	%	N	%	
E	1,293	68.6	594	31.5	T
I	591	31.4	1,290	68.5	F
S	1,645	87.3	1,220	64.8	J
N	239	12.7	664	35.2	P

表 3-5 不准备考大学的高中女生（N=1,884）

ISTJ	ISFJ	INFJ	INTJ
N = 72	N = 149	N = 59	N = 39
3.3%	6.9%	2.7%	1.8%

ISTP	ISFP	INFP	INTP
N = 47	N = 105	N = 136	N = 66
2.2%	4.9%	6.3%	3.1%

ESTP	ESFP	ENFP	ENTP
N = 75	N = 243	N = 269	N = 111
3.5%	11.3%	12.5%	5.2%

ESTJ	ESFJ	ENFJ	ENTJ
N = 210	N = 380	N = 123	N = 71
9.7%	17.6%	5.7%	3.3%

	N	%	N	%	
E	1,482	68.8	691	32.1	T
I	673	31.2	1,464	67.9	F
S	1,281	59.4	1,103	51.2	J
N	874	40.6	1,052	48.8	P

表 3-6 准备考大学的高中女生（N=2,155）

表 3-5 和表 3-6 是高中女生的人格类型表，它们不仅证实了"直觉"（N）和"教育水平"之间的关系，同时也说明了男生女生在"思维"（T）和"情感"（F）维度上的巨大性别差异。在这两个高中女生的人格类型表中，"情感型"（F）的概率都达到了 68%，而在不准备考大学和准备考大学的高中男生中，则分别只有 41% 和 38% 的人属于"情感型"（F）。由于这种性别差异，我们在统计男性和女性的人格类型分布概率时，必须将男性和女性的数据分开处理，否则就会出现严重误差。

在表 3-5 和表 3-6 中，"情感型"（F）高中女生表现出了对"判断型"（J）生活态度的强烈偏好。在不准备考大学的高中女生中，有 65% 属于"判断型"（J），而"直觉型"（N）则非常少见。总体来说，"情感型"（F）个体偏好以"判断"（J）的态度来面对外部世界，他们善于未雨绸缪，将生活安排的井井有条。而"直觉型"（N）个体则喜欢以"感知"（P）的态度去生活，他们信赖自己的直觉，往往随心所欲。

ISTJ N = 67 7.4%	ISFJ N = 34 3.8%	INFJ N = 22 2.5%	INTJ N = 56 6.2%
ISTP N = 29 3.2%	ISFP N = 27 3.0%	INFP N = 43 4.8%	INTP N = 64 7.1%
ESTP N = 53 5.9%	ESFP N = 32 3.6%	ENFP N = 80 8.9%	ENTP N = 92 10.2%
ESTJ N = 109 12.1%	ESFJ N = 63 7.0%	ENFJ N = 46 5.1%	ENTJ N = 83 9.2%

	N	%	N	%	
E	558	62.0	553	61.4	T
I	342	38.0	347	38.6	F
S	414	46.0	480	53.3	J
N	486	54.0	420	46.7	P

表 3-7 费城中心男子高中的学生（N=900）

表 3-7 是费城中心男子高中准备考大学的学生的人格类型表。该校规定，被录取学生的 IQ 必须在 110 以上，且前两年的学习成绩低于 C 的课程不能超过两门。

根据第二条规定，该校的学生是不能存在严重偏科的。如此一来，我们就会猜测在这所学校中，"判断型"（J）男生会显著增加。而数据显示，这类男生的数量确实有所增加，但变化并不显著，与表 3-4 中的数据相比，这一类型的概率仅从 50.4% 上升到了 53.3%。与此同时，"直觉型"（N）男生的概率则从 38% 上升到了 54%，这一变化相应地导致了 4 种"感觉感

"知型"（SP）男生的概率全部下降，这 4 种人格类型既不偏好"直觉"（N），也不偏好"判断"（J）。

ISTJ	ISFJ	INFJ	INTJ
N = 36 5.4%	N = 7 1.0%	N = 31 4.6%	N = 110 16.4%
ISTP	**ISFP**	**INFP**	**INTP**
N = 21 3.1%	N = 6 0.9%	N = 81 12.1%	N = 107 15.9%
ESTP	**ESFP**	**ENFP**	**ENTP**
N = 7 1.0%	N = 10 1.5%	N = 62 9.2%	N = 78 11.6%
ESTJ	**ESFJ**	**ENFJ**	**ENTJ**
N = 23 3.5%	N = 6 0.9%	N = 28 4.2%	N = 58 8.7%

	N	%	N	%	
E	272	40.5	440	65.6	T
I	399	59.5	231	34.4	F
S	116	17.3	299	44.6	J
N	555	82.7	372	55.4	P

表 3-8 国家优秀高中男生（N=671）

表 3-8 是国家优秀高中男生的人格类型表。与表 3-4 相比，"直觉型"（N）男生的概率从 54% 上升到了 82.7%，而"感觉型"（S）男生的概率则相应地下降到 17.3%，其中，概率最高的"幸存者"是"内倾感觉思维判断型"（ISTJ），占到了样本总数的 5%。

ISTJ	ISFJ	INFJ	INTJ
N = 21	N = 26	N = 16	N = 16
6.0%	7.5%	4.6%	4.6%
ISTP	**ISFP**	**INFP**	**INTP**
N = 3	N = 18	N = 19	N = 14
0.9%	5.2%	5.4%	4.0%
ESTP	**ESFP**	**ENFP**	**ENTP**
N = 10	N = 17	N = 49	N = 14
2.9%	4.9%	14.1%	4.0%
ESTJ	**ESFJ**	**ENFJ**	**ENTJ**
N = 38	N = 41	N = 27	N = 19
10.9%	11.8%	7.8%	5.4%

	N	%	N	%	
E	215	61.8	135	38.8	T
I	133	38.2	213	61.2	F
S	174	50.0	204	58.6	J
N	174	50.0	144	41.4	P

表 3-9 费城女子高中学生（N=348）

ISTJ	ISFJ	INFJ	INTJ
N = 10	N = 17	N = 36	N = 29
3.0%	5.2%	10.9%	8.8%
ISTP	**ISFP**	**INFP**	**INTP**
N = 4	N = 5	N = 38	N = 33
1.2%	1.5%	11.5%	10.0%
ESTP	**ESFP**	**ENFP**	**ENTP**
N = 0	N = 10	N = 61	N = 32
0%	3.0%	18.5%	9.7%
ESTJ	**ESFJ**	**ENFJ**	**ENTJ**
N = 7	N = 7	N = 26	N = 15
2.1%	2.1%	7.9%	4.6%

（续表）

	N	%	N	%	
E	158	47.9	130	39.4	T
I	172	52.1	200	60.6	F
S	60	18.2	147	44.5	J
N	270	81.8	183	55.5	P

表 3-10 国家优秀高中女生（N=330）

与费城中心男子高中相对应的是费城女子高中，这所学校的录取标准同样非常严格。表 3-9 和表 3-10 所显示的高中女生人格类型分布情况与相应的男生样本数据非常相似，唯一不同的是，男生中人数最多的是"思维型"（T），而女生中人数最多的则是"情感型"（F）。

在费城女子高中，"内倾型"（I）女生的概率为 38.2%，而在国家优秀高中女生中，这一人格类型的概率达到了 52.1%。在费城女子高中，50%的学生属于"直觉型"（N），而在国家优秀高中女生中，这一人格类型的概率则高达 81.8%。

在表 3-8 的"感觉型"（S）男生中，概率最高的人格类型是"内倾感觉思维判断型"（ISTJ），而在表 3-10 的国家优秀高中女生中，人数最多的"感觉型"（S）人格类型是"内倾感觉情感判断型"（ISFJ），概率同样为 5%。

个体的自我选择就是从此时开始的。高中毕业之后，个体可以自主选择未来的学业发展路径。我们可以通过"自我选择率"（self-selection ratio, SSR）来预测来自不同群体、属于不同人格类型的个体究竟能在多大程度上进行自我选择。我们用某样本中某种人格类型所占的比率，除以基数人群中该人格类型的比率，就能够得到该样本中该人格类型的 SSR。在本章中，除个别专业的基数人群会特别说明外，大部分样本都是以 3503 名高中男生作为基数人群（见表 3-2）。

ISTJ	ISFJ	INFJ	INTJ
N = 269	N = 154	N = 185	N = 267
7.3%	4.2%	5.0%	7.3%
SSR = 0.91	SSR = 1.06	SSR = 2.38	SSR = 1.55
ISTP	ISFP	INFP	INTP
N = 120	N = 103	N = 294	N = 287
3.3%	2.8%	8.0%	7.8%
SSR = 0.64	SSR = 0.64	SSR = 1.92	SSR = 1.31
ESTP	ESFP	ENFP	ENTP
N = 138	N = 157	N = 353	N = 298
3.8%	4.3%	9.6%	8.1%
SSR = 0.49	SSR = 0.66	SSR = 1.35	SSR = 1.03
ESTJ	ESFJ	ENFJ	ENTJ
N = 343	N = 218	N = 214	N = 276
9.3%	5.9%	5.8%	7.5%
SSR = 0.60	SSR = 0.92	SSR = 1.64	SSR = 1.13

	N	%	N	%	
E	1,997	54.3	1,998	54.4	T
I	1,679	45.7	1,678	45.6	F
S	1,502	40.9	1,926	52.4	J
N	2,174	59.1	1,750	47.6	P

表 3-11 人文艺术专业大学男生（N=3,676）

在表 3-11 至表 3-22 中，我们在每一种人格类型上都标注了其 SSR 值。SSR 值大于 1.00 表示积极的自我选择，SSR 值小于 1.00 则表示消极的自我选择。SSR 较高（通常为 1.20 或更高）的人格类型通常相邻，这些人格类型共同构成了一个自我选择区。在人格类型表中，我们用深色背景对自我选择区进行了特别标记。

如表 3-11 所示，在人文艺术专业的大学男生中，有 6 种人格类型共同构成了自我选择区。其中，4 种"直觉情感型"（NF）大学男生尤其热衷于文学和人文科学，而 2 种"内倾直觉思维型"（INT）学生对文科的兴趣一般，相比之下，他们更喜欢其他学科。

ISTJ	ISFJ	INFJ	INTJ
N = 222	N = 92	N = 115	N = 301
10.1%	4.2%	5.3%	13.8%
SSR = 1.26	SSR = 1.06	SSR = 2.49	SSR = 2.94
ISTP	**ISFP**	**INFP**	**INTP**
N = 49	N = 42	N = 110	N = 191
2.2%	1.9%	5.0%	8.7%
SSR = 0.44	SSR = 0.44	SSR = 1.21	SSR = 1.46
ESTP	**ESFP**	**ENFP**	**ENTP**
N = 67	N = 29	N = 124	N = 159
3.1%	1.3%	5.7%	7.3%
SSR = 0.40	SSR = 0.21	SSR = 0.79	SSR = 0.92
ESTJ	**ESFJ**	**ENFJ**	**ENTJ**
N = 197	N = 72	N = 134	N = 284
9.0%	3.3%	6.1%	13.0%
SSR = 0.57	SSR = 0.51	SSR = 1.73	SSR = 1.95

	N	%	N	%	
E	1,066	48.7	1,470	67.2	T
I	1,122	51.3	718	32.8	F
S	770	35.2	1,417	64.8	J
N	1,418	64.8	771	35.2	P

表 3-12 机械工程专业大学生（N=2,188）

如表 3-12 所示，在机械工程专业的大学生中，自我选择区包括了 4 种彼此相邻的"内倾直觉型"（IN）、2 种"外倾直觉判断型"（ENJ）和 1 种"内倾感觉思维判断型"（ISTJ）人格类型。在自我选择区中，"直觉"（N）和"判断"（J）是重点出现的人格偏好。显而易见，"思维型"（T）的学生往往热衷于机械工程，而当"情感"（F）与"直觉判断"（NJ）相结合时，似乎也能产生类似于"思维"（T）的影响，从而导致这类学生也更倾向于选择机械工程作为自己的大学专业。

请注意，如果将上述人格类型表围绕一个水平放置的圆柱体卷起来，那么，右下部的 2 种"外倾直觉判断型"（ENJ）就会和右上部的 4 种"内倾直觉型"（IN）接上。同样，如果围绕一个垂直的圆柱体圈起来，那么，左上角的"内倾感觉思维判断型"（ISTJ）也会和右上角的"内倾直觉型"（IN）接上。

（以上关于人文艺术和机械工程专业大学生的样本数据均来自 1962 年版的《MBTI 操作手册》。）

ISTJ N = 44 9.0% SSR = 1.12	ISFJ N = 19 3.9% SSR = 0.98	INFJ N = 1 0.2% SSR = 0.10	INTJ N = 13 2.7% SSR = 0.57
ISTP N = 35 7.2% SSR = 1.40	ISFP N = 7 1.4% SSR = 0.33	INFP N = 11 2.3% SSR = 0.54	INTP N = 15 3.1% SSR = 0.52
ESTP N = 63 12.9% SSR = 1.67	ESFP N = 34 7.0% SSR = 1.08	ENFP N = 30 6.1% SSR = 0.86	ENTP N = 35 7.2% SSR = 0.91
ESTJ N = 106 21.7% SSR = 1.39	ESFJ N = 43 8.8% SSR = 1.36	ENFJ N = 8 1.6% SSR = 0.46	ENTJ N = 24 4.9% SSR = 0.74

	N	%	N	%	
E	343	70.3	335	68.6	T
I	145	29.7	153	31.4	F
S	351	71.9	258	52.9	J
N	137	28.1	230	47.1	P

表 3-13 金融贸易专业大学生（N=488）

ISTJ	ISFJ	INFJ	INTJ
N = 39 5.5% SSR = 0.68	N = 12 1.7% SSR = 0.43	N = 44 6.3% SSR = 2.95	N = 128 18.2% SSR = 3.88
ISTP	**ISFP**	**INFP**	**INTP**
N = 18 2.6% SSR = 0.50	N = 15 2.1% SSR = 0.49	N = 58 8.2% SSR = 1.97	N = 123 17.5% SSR = 2.92
ESTP	**ESFP**	**ENFP**	**ENTP**
N = 12 1.7% SSR = 0.22	N = 1 0.1% SSR = 0.02	N = 55 7.8% SSR = 1.09	N = 79 11.2% SSR = 1.42
ESTJ	**ESFJ**	**ENFJ**	**ENTJ**
N = 13 1.8% SSR = 0.12	N = 8 1.1% SSR = 0.18	N = 27 3.8% SSR = 1.08	N = 73 10.4% SSR = 1.56

	N	%	N	%	
E	268	38.0	485	68.8	T
I	437	62.0	220	31.2	F
S	118	16.7	344	48.8	J
N	587	83.3	361	51.2	P

表 3-14 理工专业大学生（N=705）

表 3-13 是宾夕法尼亚大学沃顿商学院 488 名金融贸易专业大学生的人格类型表，表 3-14 则是加州理工大学 705 名理工专业大学生的人格类型表。两者可谓截然相反。

在表 3-13 中，金融贸易专业大学生样本的自我选择区包括了 4 种彼此相邻的"外倾感觉型"（ES）和 2 种"内倾感觉思维型"（IST）人格类型，这种组合非常合理。"感觉思维型"（ST）个体关心现实，并且善于进行客观分析，是脚踏实地、实事求是的一类人。而"外倾感觉型"（ES）个体也是最实际、最现实的类型，不过他们很少关注抽象问题。

在表 3-14 中，加州理工大学理工专业大学生样本的自我选择区由 4 种彼此相邻的"内倾直觉型"（IN）和 2 种"外倾直觉思维型"（ENT）人格类型构成。在 4 种 IN 型理工专业大学生中，SSR 最高为 3.88，最低为 1.97。"直觉思维型"（NT）个体更关注事物发生的可能性，以及自身所处环境的规则，他们非常聪明、富有远见，总能率先发现未知事物。而 4 种"外倾感觉型"（ES）学生的 SSR 值则分别为：0.22、0.17、0.12 和 0.02，由此可见，ES 型学生对于理工的兴趣并不大。

ISTJ	ISFJ	INFJ	INTJ
N = 0	N = 0	N = 3	N = 4
0%	0%	9.1%	12.1%
SSR = 0.00	SSR = 0.00	SSR = 2.02	SSR = 2.96
ISTP	ISFP	INFP	INTP
N = 1	N = 1	N = 10	N = 6
3.0%	3.0%	30.4%	18.3%
SSR = 0.95	SSR = 0.57	SSR = 2.73	SSR = 3.60
ESTP	ESFP	ENFP	ENTP
N = 0	N = 0	N = 4	N = 0
0%	0%	12.1%	0%
SSR = 0.00	SSR = 0.00	SSR = 0.86	SSR = 0.00
ESTJ	ESFJ	ENFJ	ENTJ
N = 0	N = 1	N = 1	N = 2
0%	3.0%	3.0%	6.0%
SSR = 0.00	SSR = 0.36	SSR = 0.46	SSR = 1.40

	N	%	N	%	
E	8	24.2	13	39.4	T
I	25	75.8	20	60.6	F
S	3	9.1	11	33.3	J
N	30	90.9	22	66.7	P

表 3-15 美术专业毕业班学生（N=33）；来源：Stephens（1972）

接下来的表 3-15 至表 3-17 的数据都是在佛罗里达大学艺术专业的毕

业班学生中采集的。在评估这些样本的自我选择性时，我们以同校同期的大一新生作为基数人群来计算 SSR。

表 3-15 是美术专业毕业班学生的人格类型表，这些学生都希望日后能成为真正的艺术家，创作出独一无二的作品。在这一人格类型表中，位于自我选择区的全是"内倾直觉型"（IN）人格类型，"直觉"（N）有助于艺术创作，而"内倾"（I）则可以让他们免受外部世界的干扰。

ISTJ	ISFJ	INFJ	INTJ
N = 0	N = 2	N = 1	N = 1
0%	6.9% ●	3.4% ●	3.4% ●
SSR = 0.00	SSR = 1.03	SSR = 0.77	SSR = 0.84
ISTP	**ISFP**	**INFP**	**INTP**
N = 0	N = 0	N = 2	N = 1
0%	0%	6.9% ●	3.4% ●
SSR = 0.00	SSR = 0.00	SSR = 0.62	SSR = 0.68
ESTP	**ESFP**	**ENFP**	**ENTP**
N = 0	N = 2	N = 9 ●●●	N = 3
0%	6.9% ●	31.1% ●●●	10.4% ●●
SSR = 0.00	SSR = 1.20	SSR = 2.21	SSR = 2.11
ESTJ	**ESFJ**	**ENFJ**	**ENTJ**
N = 0	N = 6 ●●●	N = 2	N = 0
0%	20.7% ●●	6.9% ●	0%
SSR = 0.00	SSR = 2.48	SSR = 1.05	SSR = 0.00

	N	%	N	%	
E	22	75.9	5	17.2	T
I	7	24.1	24	82.8	F
S	10	34.5	12	41.4	J
N	19	65.5	17	58.6	P

表 3-16 艺术治疗专业毕业班学生（N=29）；来源：Stephens（1972）

表 3-16 是艺术治疗专业毕业班学生的人格类型表。这一专业的学生在毕业之后，将借助艺术来重新点燃人们对于生活的兴趣，帮助他们重拾自

信，或者让他们简单地享受手工活动的乐趣，进而恢复健康。在艺术治疗专业学生的人格类型表中，位于自我选择区的全是喜欢对外活动的"外倾型"（E）人格类型。而且，在自我选择区的5种"外倾型"（E）人格类型中，其中4种又都属于"情感型"（F），具有明显的利他倾向。在这一样本中，自我选择性最强的人格类型是"外倾感觉情感判断型"（ESFJ），这一类型的个体既能自由地对外表达自己的情感，又能切实地感知到环境中的信息，因此对于他们来说，帮助他人既是责任所在，也是快乐的源泉。

ISTJ	ISFJ	INFJ	INTJ
N = 0	N = 0	N = 3	N = 1
0%	0%	9.7% ••	3.2% •
SSR = 0.00	SSR = 0.00	SSR = 2.15	SSR = 0.79
ISTP	**ISFP**	**INFP**	**INTP**
N = 0	N = 0	N = 8	N = 4
0%	0%	25.8% •••	12.9% ••
SSR = 0.00	SSR = 0.00	SSR = 2.33	SSR = 2.55
ESTP	**ESFP**	**ENFP**	**ENTP**
N = 0	N = 1	N = 7	N = 2
0%	3.2% •	22.5% •••	6.5% •
SSR = 0.00	SSR = 0.56	SSR = 1.61	SSR = 1.32
ESTJ	**ESFJ**	**ENFJ**	**ENTJ**
N = 0	N = 3	N = 2	N = 0
0%	9.7% ••	6.5% •	0%
SSR = 0.00	SSR = 1.16	SSR = 0.98	SSR = 0.00

	N	%	N	%	
E	15	48.4	7	22.6	T
I	16	51.6	24	77.4	F
S	4	12.9	9	29.0	J
N	27	87.1	22	71.0	P

表 3-17 艺术教育专业毕业班学生（N=31）；来源：Stephens（1972）

表 3-17 是艺术教育专业毕业班学生的人格类型表。可以看出，这一专

业学生的人格类型比较丰富，之所以出现这种现象，可能是因为艺术教育专业本身就具有多样性。在这一样本的自我选择区中共有 6 种人格类型，其中 3 种人格类型与美术专业的学生相同，3 种则与艺术治疗专业的学生相同；3 种是"内倾型"（I），3 种是"外倾型"（E）；3 种是"直觉情感型"（NF），2 种是"直觉思维型"（NT），还有 1 种就是独树一帜的"感觉情感型"（SF）。也许，这些类型各异的学生在未来工作中的教学风格也都各不相同。

ISTJ N = 4 3.4% SSR = 0.53	ISFJ N = 2 1.7% SSR = 0.25	INFJ N = 11 9.3% SSR = 2.07	INTJ N = 3 2.5% SSR = 0.62
ISTP N = 1 0.8% SSR = 0.27	ISFP N = 2 1.7% SSR = 0.32	INFP N = 28 23.8% SSR = 2.14	INTP N = 3 2.5% SSR = 0.50
ESTP N = 0 0% SSR = 0.00	ESFP N = 3 2.5% SSR = 0.44	ENFP N = 37 31.4% SSR = 2.23	ENTP N = 2 1.7% SSR = 0.35
ESTJ N = 2 1.7% SSR = 0.22	ESFJ N = 4 3.4% SSR = 0.41	ENFJ N = 14 11.9% SSR = 1.81	ENTJ N = 2 1.7% SSR = 0.39

	N	%	N	%	
E	64	54.2	17	14.4	T
I	54	45.8	101	85.6	F
S	18	15.2	42	35.6	J
N	100	84.8	76	64.4	P

表 3-18 咨询教育专业大学生（N=118）

表 3-18 是咨询教育专业大学生的人格类型表。其中，4 种"直觉情感型"（NF）人格类型构成了该样本的自我选择区。这 4 种 NF 型的 SSR 都

超过了 1.80，而其他人格类型的 SSR 则都不高于 0.62。原因很简单：咨询本身几乎就是"直觉"与"情感"的结合。"直觉"（N）负责让咨询师看到未来发展的可能性，而"情感"（F）则保证了咨询师对人的关心。有了这种关心，"直觉"也将效力倍增，毕竟，人们最终寻求并发掘的是"人"的可能性。

表 3-18 中的被试都是来自佛罗里达大学咨询教育专业的学生，因此，在计算该样本的 SSR 时，我们也是以同校同期的大一新生作为基数人群。

ISTJ	ISFJ	INFJ	INTJ
N = 0	N = 1	N = 5	N = 8
0%	1.4%	7.0%	11.3%
SSR = 0.00	SSR = 0.35	SSR = 3.33	SSR = 2.41
ISTP	**ISFP**	**INFP**	**INTP**
N = 1	N = 1	N = 15	N = 10
1.4%	1.4%	21.1%	14.1%
SSR = 0.27	SSR = 0.32	SSR = 5.07	SSR = 2.36
ESTP	**ESFP**	**ENFP**	**ENTP**
N = 0	N = 1	N = 9	N = 8
0%	1.4%	12.7%	11.3%
SSR = 0.00	SSR = 0.22	SSR = 1.78	SSR = 1.43
ESTJ	**ESFJ**	**ENFJ**	**ENTJ**
N = 0	N = 1	N = 6	N = 5
0%	1.4%	8.5%	7.0%
SSR = 0.00	SSR = 0.22	SSR = 2.39	SSR = 1.06

	N	%	N	%	
E	30	42.3	32	45.1	T
I	41	57.7	39	54.9	F
S	5	7.0	26	36.6	J
N	66	93.0	45	63.4	P

表 3-19 罗兹学者（N=71）

表 3-19 是 71 位罗兹学者的人格类型表。罗兹学者的竞争非常激烈，在罗兹学者中，"直觉型"（N）人格类型的比例比国家优秀高中生的 82.7%

还高，达到了 93%。这些罗兹学者大多是"情感型"（F），这可能是因为罗兹学者这个概念本身就非常强调对他人的善意和关心。

ISTJ	ISFJ	INFJ	INTJ
N = 236 –28	N = 58 –13	N = 58 –8	N = 194 –22
10.5%	2.6%	2.6%	8.6%
SSR = 1.43	SSR = 0.62	SSR = 0.51	SSR = 1.19
DOR =0.71	DOR = 1.34	DOR = 0.82	DOR = 0.68
ISTP	**ISFP**	**INFP**	**INTP**
N = 87 –18	N = 33 –7	N = 120 –31	N = 221 –42
3.9%	1.5%	5.3%	9.8%
SSR = 1.19	SSR = 0.52	SSR = 0.67	SSR = 1.26
DOR = 1.23	DOR = 1.25	DOR = 1.56	DOR = 1.15
ESTP	**ESFP**	**ENFP**	**ENTP**
N = 87 –12	N = 42 –6	N = 132 –32	N = 245 –46
3.9%	1.9%	5.9%	10.9%
SSR = 1.03	SSR = 0.44	SSR = 0.61	SSR = 1.34
DOR = 0.82	DOR = 0.84	DOR = 1.45	DOR = 1.13
ESTJ	**ESFJ**	**ENFJ**	**ENTJ**
N = 295 –44	N = 80 –14	N = 75 –14	N = 285 –37
13.1%	3.5%	3.3%	12.7%
SSR = 1.41	SSR = 0.60	SSR = 0.57	SSR = 1.69
DOR = 0.90	DOR = 1.04	DOR = 1.13	DOR = 0.78

	N	%	N	%	
E	1,241	55.2	1,650	73.4	T
I	1,007	44.8	598	26.6	F
S	918	40.8	1,281	57.0	J
N	1,330	59.2	967	43.0	P

表 3-20 法学院学生（N=2248，其中 374 人退学）

表 3-20 的样本数据来自米勒（Miller）在 1967 年对 7 所法学院学生的追踪研究，其中包括 374 名中途退学的学生。在表 3-20 中，在每一种人格类型的概率后，我们都用减号"–"标示了具体的退学人数。样本中某种人格类型的退学率（dropout ratio，DOR）等于该人格类型的退学人数比率

除以该样本的总退学人数比率，DOR 显示在 SSR 的下面。

结果非常明确，大部分学法律的人都是"思维型"（T），或者说是"思维判断型"（TJ）。所有 4 种"思维判断型"（TJ）人格类型都位于该样本的自我选择区，而其 DOR 则都低于该样本的平均退学率。3 种"思维感知型"（TP）人格类型也位于自我选择区，但其 DOR 却都高于该样本的平均退学率。所有 8 种"情感型"（F）人格类型的 SSR 都不高于 0.67，并且，其中 6 种"情感型"（F）人格类型的 DOR 都高于平均值。显然，那些意志坚定的学生是最适合法学院的。

ISTJ	ISFJ	INFJ	INTJ
N = 39	N = 24	N = 3	N = 9
13.9%	8.6%	1.1%	3.2%
SSR = 1.72	SSR = 2.16	SSR = 0.51	SSR = 0.69
ISTP	ISFP	INFP	INTP
N = 19	N = 10	N = 6	N = 5
6.8%	3.6%	2.1%	1.8%
SSR = 1.32	SSR = 0.82	SSR = 0.51	SSR = 0.30
ESTP	ESFP	ENFP	ENTP
N = 22	N = 16	N = 7	N = 9
7.9%	5.7%	2.5%	3.2%
SSR = 1.02	SSR = 0.89	SSR = 0.35	SSR = 0.41
ESTJ	ESFJ	ENFJ	ENTJ
N = 72	N = 21	N = 6	N = 12
25.7%	7.5%	2.1%	4.3%
SSR = 1.64	SSR = 1.16	SSR = 0.61	SSR = 0.64

	N	%	N	%	
E	165	58.9	187	66.8	T
I	115	41.1	93	33.2	F
S	223	79.6	186	66.4	J
N	57	20.4	94	32.6	P

表 3-21 城市警察（N=280）

表 3-21 是城市警察的人格类型表。因为警察与法学院的学生都是和法律打交道的，因此两者的对比非常有趣。法学院的学生需要研究不同法律条文之间的细微差别，弄清楚什么是合法的，什么是不合法的。他们需要跟无数对手展开唇枪舌战，而这些对手一般也都巧舌如簧。这也是为什么多达 59% 的法学院学生都是"直觉型"（N）。

而在警察样本中，79% 的警察却都是"感觉型"（S）。警察总是在处理一起又一起具体的事故或案件，对于他们来说，决策和行动要比语言更重要。此外，"判断型"（J）和"情感型"（F）警察的比率要高于法学院学生，执勤巡逻的警察可能要比当庭辩论的律师更有人情味儿。

表 3-22 是一张非常独特的人格类型表，这是冯·方格（von Fange）1961 年在加拿大的学校行政管理人员中采集的数据。最上方和最下方的两行人格类型构成了这一样本的自我选择区。在"外倾"（E）和"内倾"（I）、"感觉"（S）和"直觉"（N）、"思维"（T）和"情感"（F）这三组人格偏好中，学校的行政管理人员几乎是均匀分布的。但是，在处理外部世界的事务时，86% 的学校行政管理人员都采取了"判断"（J）的生活态度。也许，对于这些需要保证教育机构平稳运行的行政管理人员来说，不停地处理各种琐碎事务、进行大小决策而又不知疲倦，是一种基本的职业素养。

ISTJ	ISFJ	INFJ	INTJ
N = 14 11.3% SSR = 1.40	N = 12 9.7% SSR = 2.44	N = 9 7.3% SSR = 3.44	N = 10 8.1% SSR = 1.72
ISTP N = 0 0% SSR = 0.0	ISFP N = 1 0.8% SSR = 0.18	INFP N = 3 2.4% SSR = 0.58	INTP N = 1 0.8% SSR = 0.14
ESTP N = 1 0.8% SSR = 0.10	ESFP N = 3 2.4% SSR = 0.38	ENFP N = 6 4.8% SSR = 0.68	ENTP N = 2 1.6% SSR = 0.20
ESTJ N = 27 21.8% SSR = 1.39	ESFJ N = 15 12.1% SSR = 1.87	ENFJ N = 7 5.6% SSR = 1.59	ENTJ N = 13 10.5% SSR = 1.58

	N	%	N	%	
E	74	59.7	68	54.8	T
I	50	40.3	56	45.2	F
S	73	58.9	107	86.3	J
N	51	41.1	17	13.7	P

表 3-22 学校行政管理人员（N=124）

第四章 外倾与内倾

外倾型个体的行为取决于外部环境。如果他是外倾思维型，那么他可能会对外部世界进行批判、分析或者组织；如果是外倾情感型，他就会捍卫、对抗或者试图调和这个世界。外倾感觉型个体可能很会享受、利用或者忍受外部环境，而外倾直觉型个体往往想要尝试改变世界。总之，在任何情况下，外倾型个体的行为都是从外部环境开始的。

内倾型个体的活动是从内心的想法和抽象的概念开始的，而这些想法和概念的起源就是荣格所说的"原型"。心理类型理论认为，每个人的原型都是生来就有的，个体后天的生活经历也许会激活原型，但并不会改变原型。原型是所有人类经验和意愿的精髓所在。原型是一种集体潜意识，是思维的载体，它能够引导个体从纷繁复杂的现实生活中发现生命的本质和意义。（生活的多样性也许会让外倾型个体兴奋不已，但内倾型个体只会因此心烦意乱，除非他能够找从中找到共通的意义，使得一切都在掌控之内。）

如果某种外部环境恰好与自己熟知的某个想法或概念吻合，内倾型个体就会接受并认同这种环境，就像看见了一个自己早已知晓的道理的完美例证。而每每遇到这种情况，内倾型个体都会对当下的种种产生深刻的见解。相反，如果现实环境与自己的观念不符，内倾型个体就会认为眼前的一切都是偶然的，是无关紧要的，并且很可能会采取错误的方式去应对。在历史上，有一个著名的例子就是美国第 28 任总统伍德罗·威尔逊（Woodrow Wilson）在凡尔赛的失误。当时，威尔逊将和平的希望完全寄托于国际联盟，但他自己的国家却并没有为此做好准备。他太过痴迷于建立一个国际组织，但却忽略了应该遵循的民主程序，认为参议院是无关紧要的，结果他失败了。

内倾型个体的动力源自内心的想法，因此，关于事物的"正确想法"对他们来说至关重要。三思而后行是内倾型个体的典型特征，虽然外倾型个体总是很不屑地称之为犹豫。不过，这种"犹豫"对于内倾型个体来说却十分必要，他们需要这段时间来研究分析眼前的状况，进而确认自己即将采取的行动是具有长远意义的。内倾型个体往往不能深入地体察外部环境，因此往往看不到真实的情况，这是他们的问题所在。相反，外倾型个体总是不停地体验、揣摩各种具体的环境，直到发现最终的真相。

在研究人格类型时，从外部环境着手的好处是显而易见的，而且西方文化崇尚外倾开放，这种切入点也更容易引起大众的关注。这主要是因为外倾型个体往往直言不讳，并且在西方社会中外倾型个体的数量几乎是内倾型个体的 3 倍。[①] 此外，外倾型个体一般都容易接近也容易理解，而内倾型个体则显得高深莫测，即便面对同类也很少敞开心扉，而在外倾型个体看来，这些闷葫芦简直不可理喻。

因此，我们要对内倾型人格类型的优势进行特别说明，这不仅是为了促进外倾型与内倾型个体之间的了解，也是为了让内倾型个体更全面地认识自我。因为只有真正地悦纳自我，才能及时地调整并忠于自我。有能力的内倾型个体会在外部世界取得引人瞩目的成就，但他们并不会将自己改造成一个外倾者。凭借发展良好的辅助心理功能，内倾型个体在应对外部世界时显得从容不迫、得心应手，又不至于深陷其中而不可自拔。内倾型个体始终坚守自己内心的原则，并会因此获得真正的安全感和不可动摇的

---

① 这一数据来自伊莎贝尔·布里格斯·迈尔斯早期的一份未出版的研究。她对康涅狄格州斯坦福的一所高二和高三男生进行了 MBTI 测试，在 217 名高二男生中，只有 28.1% 是内倾型；在 182 名高三男生中，也只有 25.8% 属于内倾型。

生活目标。

内倾型个体的优势之一就是他们具有一种天生的连贯性，这种连贯性完全不受瞬息万变的外部世界的影响。无论外部环境和刺激如何变化，他们的内心都很少波动。内倾型孩子往往能够无视外部环境的各种干扰，专心致志地做自己的事情。因此，看着自己上蹿下跳片刻不宁的孩子，那些外倾型孩子的家长常常会诧异于内倾型孩子的专注。

这种专注能力同样也会影响内倾型个体的职业发展。一般来说，外倾型个体喜欢不断扩大自己的工作领域，他们总是迫不及待地向世人展示自己的工作成果，努力拓展自己的人脉和事业，渴望名扬四海。内倾型个体则恰恰相反，他们倾向于长期在自己的专业领域深耕，而不愿意宣称事情已经大功告成。如果一定要对外有所交代，内倾型个体就会简要说明一下结果，而不会透露太多细节。这种客观节制的交流方式在一定程度上减少了内倾型个体的追随者和知名度，但也为他们避免了很多不必要的外部负担，使他们能够集中精力发展自己的事业。荣格曾经说过，正因为具有以上这些人格特征，内倾型个体的行为才变得更有深度，而他们的工作也因此表现出更长远的价值。

内倾型个体这种典型的淡漠性格还有另外一个好处，就是他们从来不会因为缺乏外界的鼓励而灰心丧气。只要他们相信自己所从事的事业是有价值的，即便没有他人的支持和认可，也能够持之以恒地坚持下去，这正是很多行业先驱所共有的可贵品质。而类似这样的举动在外倾型个体看来是毫无意义的。一位非常聪明且极端外倾的 ENTP 型年轻女性曾抱怨说："如果得不到别人的反馈，我真不知道自己的工作到底有没有做好！"

最后要说的一点就是，尽管外倾型个体普遍深谙人情世故，善于把握眼前的利益，但内倾型个体也不差，因为他们拥有一种与外倾型个体截然不同的"非世俗"的智慧。凭借这种智慧，内倾型个体往往更能够接近永恒的真理。如果外倾型孩子和内倾型孩子在同一个家庭中长大，那么，这两种性格类型的反差就会表现得非常明显。内倾型孩子往往很快就能理解并接受那些抽象的道德准则，比如只需简单地讲解，他们就会明白"你的"和"我的"的区别。而外倾型孩子则必须借助一些现实的例子和体验才能搞清楚"你的"和"我的"是怎么回事——他们必须历经周折知道别人的想法之后，才会明白自己应该怎么做。

在表 4-1 中，我们总结了外倾型和内倾型人格特征的区别。从人格类型表中来看，也就是上半部分和下半部分个体的区别。

外倾型（E）	内倾型（I）
事后思考型。只有亲身经历之后，才能真正理解生活。	事前思考型。只有在理解了生活之后，才能开始生活。
轻松、自信。总是乐观地评估事情的难度，敢于直接尝试各种新鲜和未知的事物。	谨慎、多疑。倾向于对事情进行保守评估，只有在全面地了解和评估之后，才会考虑尝试新事物。
精神指向外部世界。兴趣和注意力都集中在客观事物上，尤其是眼前的事物。他们的生活是由外部世界的各种人和事构成的。	精神指向内部世界。对客观存在于外部世界的事物毫不关心，兴趣和注意力都集中在自己的内心活动上。他们的生活是由内心世界的各种观点和理念构成的。
教化型人才，行动的巨人，现实成就无数，生活模式是"行动—思考—行动"，如此循环。	文化型人才，思想的巨人，能够创造性地提出各种抽象概念，生活模式是"思考—行动—思考"，如此循环。
关键的行为决策往往取决于客观条件。	关键的行为决策往往取决于内心的价值观。
慷慨地顺应外界的要求，认为这些要求本身就是生活的一部分。	极力抵抗外部世界的种种要求，努力维护自己的内心世界。
简单易懂，亲切随和，通常善于社交，乐于周旋于各种人和事中，面对抽象的理念往往不知所措。	微妙复杂，沉默寡言，一般比较害羞，与现实生活中的人和事相比，他们更乐于思考并沉浸在抽象事物中。

（续表）

外倾型（E）	内倾型（I）
热情开朗但用情不深，随着生活的继续，会随时卸下身上的情感负担。	感情强烈深刻，会把经历过的情感仔细封存，小心看护。
典型弱点是思想浅薄，这一问题在极端外倾的个体身上表现得尤为突出。	典型弱点是不切实际，这一问题在极端内倾的个体身上表现得尤为突出。
心理健康和人格完善的关键在于合理发展人格的内倾性，使之与自身的外倾性相互平衡。	心理健康和人格完善的关键在于合理发展人格的外倾性，使之与自身的内倾性相互平衡。
弗洛伊德、达尔文、罗斯福（包括西奥多·罗斯福和富兰克林·罗斯福）	荣格、爱因斯坦、林肯

表 4-1 外倾与内倾偏好的区别 [2]

---

[2] 表4-1、表5-1、表6-1、表7-1、表8-1、表8-2、表8-3和表8-4的内容均来自凯瑟琳·库克·布里格斯的笔记。

第五章　感觉与直觉

在对事物的感知上，偏好感觉的人更关注客观事实，偏好直觉的人则更喜欢评估事情的可能性。

"感觉－直觉"（SN）与"外倾－内倾"（EI）是两个完全独立的人格维度。直觉型个体不见得一定是内倾的，他们关注的可能是外部世界的种种可能，追求的也可能是外部世界的人和事。感觉型个体也不见得一定是外倾的，他们的实事求是也可能是针对内部世界的各种抽象想法而言的。

根据定义，感觉型个体通过五种感官来获取信息和感知世界。对于感觉型个体来说，从任何感官获得的任何形式的信息都是自己的亲身经历，因此这些信息也都是真实可信的，而那些由他人口头转述或者书面转达的二手信息，相比之下就不那么可靠了。在感觉型个体看来，文字在转化成客观事实之前，仅仅是一些抽象符号而已，因此，抽象文字的可信度远远不如实际经验。

相比之下，直觉型个体对于感官感知到的东西并不感兴趣，他们更关注自己的直觉，而这些直觉就来自他们无意识中对于事物发展可能性的预测。正如我们前文所说，不同于简单的"男性预感"或"女性直觉"，这些无意识中的心理活动的范畴极广，既包括个体原始的想法、投射、事业追求和创意发明，也包括艺术创作、宗教信仰和科学发现等人类群体的结晶。

在直觉的所有表现形式中，有一种类似于跳高滑雪的共同特征：从一个确定的地点起跳，越过中间的各种障碍，然后俯冲降落在一个更高的地点。当然，中途越过的那些障碍并非真的被抛在脑后，事实上，在无意识中个体以极快的速度对这些障碍进行了处理，并将处理的结果投掷到有意识的思考中，进而表现为个体的灵感和直觉。对于直觉型个体来说，灵感就如同呼吸一样自然而重要。他们唯一关注的，就是自己的灵感是否能够得以展现和发挥。偏好直觉的人最讨厌墨守成规，因为那意味着他们的灵感没有丝毫用武之地。

因此，思想或行动的开创者和先锋往往都是直觉型。在美国成为英国的殖民地之前，直觉型的人可能比感觉型的人更强烈地感受到了新世界的种种可能，在这一强烈直觉的驱使下，那些直觉型的人做出了不同的选择并最终前往新世界。如果说作为英国殖民地的美国（以及后来的英联邦自治区）吸引了大量直觉型的人，而留在英国本土的人大多属于感觉型，那么一些显而易见的国民性就说得通了。英国人的专注性、保守性和无与伦比的耐心，对于下午茶和漫长周末的悠闲享受，都源于大部分英国人都是感觉型的，他们天然就更懂得如何接受并享受世界本来的样子。美国人的"个人主义""足智多谋"，以及对于"更大更好"的狂热崇拜，绝对源于直觉型个体的人格特质，对于偏好直觉、充满热情的美国人来说，机遇无处不在，他们永远都在好奇前面藏着什么。虽然直觉型的人引导了整个美国的发展方向，但并不意味着他们人数众多。事实上，即便在美国，偏好直觉的人也仅占总人口的四分之一，甚至更少。

在不同教育层次的人群中，直觉型个体所占的比例也各不相同。在职业中学和一般中学里，直觉型学生的比例最小；而在教学水平较高的中学里，直觉型学生的比例是职业中学的 2 倍；在大学，尤其是名牌大学中，直觉型学生的比例更高。在一个国家优秀高中生样本中，直觉型学生的比例更是高达 83%。（要对比不同的群体，请参照本书第三章表 3-2 至表 3-22。）直观看来，偏好直觉的个体似乎会取得更高的学业成就，但造成这种差异的原因可能既有兴趣也有天赋。

某个申请者是否会被某所大学录取，完全取决于学校招生委员会的评估，而评估的标准则包括该生以往的学业成绩和学业能力测验得分。事实上，在过去 12 年的学习中，每个学生都在默默地、无意识地决定自己是否要念大学或者要念哪所大学。例如，如果一个学生竭尽努力却始终无法对学习提起兴趣，他就不会想要继续去大学深造，而这一想法就会直观地体现在他的学业成绩上。一般来说，与直觉型孩子相比，感觉型孩子对于学习的兴趣普遍较低。（对于这一问题的应对建议，我们将在本书第十三章进行讨论。）感觉型孩子的智力测验和学业能力测验得分也普遍低于同龄的直觉型孩子，但我们决不能因此就断言感觉型的孩子"智力低下"。因为人们在日常生活中使用智力的方式有截然不同的两种，但这些测验并没有将其考虑在内。

感觉型个体的第一语言就是来自各种感官的现实信息，而直觉型个体的第一语言则是来自无意识的词汇、隐喻和符号等抽象信息。大多数心理测验都更符合直觉型个体的思维习惯，而感觉型个体则需要先将这些测验题目转化成自己的语言，这自然需要耗费更多的时间。

出于便捷性的考虑，智力测验通常都是限定时间的，因此，最终的测验得分与答题者的反应速度密切相关，但"反应速度"与"智力水平"之间的关系至今仍有诸多争议。为了彰显自身的优势，直觉型个体倾向于将"智力"定义为快速理解事物的能力，因为"直觉"本身就是一闪而过的灵感。在解决问题时，直觉型个体总是先将问题抛给无意识，然后无意识会进行快速反应，以迅雷不及掩耳之势将答案反馈到意识中。

但感觉型的人与自己的无意识却没有如此密切的联系。他们不会轻易相信那些突如其来的答案，认为这种突发奇想的方式不够谨慎。感觉型个体认为"智力"是正确理解事物的能力，是基于客观事实形成准确可靠的结论的能力。在没有得到翔实的客观信息支持之前，怎么可能得到正确的结论呢？因此，在处理问题时，感觉型个体会优先考虑结论的可靠性，他们会像桥梁工程师一样，先检查一座桥梁的构造状态再确定这座桥的安全承重量。他们看书总是一字一句，从来不会略读，也很讨厌别人在谈论某件事情时省略细节。感觉型个体相信直接获得的信息要比间接推测而来的信息更加可信。因此，在与感觉型的人沟通时，如果你含糊其辞，他们会非常气恼。（直觉型的人则完全相反，如果一点想象空间都没有，他们就会厌烦甚至恼怒。）

因此，在进行智力测验时，感觉型的孩子会一字一句地仔细读，然后反复斟酌答案是否合适，如此一来，在同样的时间里，他们答题的数量自然要比直觉型的孩子少得多。感觉型个体也证实了这一点。在一家使用MBTI的私人工作室中，我们采访过一位ISFJ型（内倾感觉情感判断型）员工，在询问她的答题方式时，她说："哎！我总是要把一道题目反复看上三四遍，否则的话根本没法选择答案！"如果仅仅是为了看懂题目，她完全没必要这么做，但为了确认自己真的准确理解了题目，她就必须这么做了。所以，她看东西总是特别慢，这成了她的弱点。在测验中，有些能干的感觉型个体会暂时抑制自己谨慎的天性，但这种抑制又会影响他们的测验结果。有一位ISTJ型（内倾感觉思维判断型）心理学家曾经做过多次测验，但得分都非常低。直到在进行研究生入学考试时，他回想起自己过去那些糟糕透顶的测验成绩，觉得这次如果像个傻瓜似的一字一句慢慢地读题答题，结果大概也会非常糟糕。而当考试成绩公布时，他发现自己取得了前所未有的高分。

在入学之初，不同的感知偏好就会对个体的学业表现造成显著影响。那些刚刚离开幼儿园的感觉型孩子对于抽象符号并没有什么本能反应，他们无法理解一个字母所代表的抽象含义，在他们看来，这些字母不过是画在纸上的奇怪图形而已。如果没有人向他们解释字母和单词的意思，他们就会一直茫然不知。而此时，直觉型的孩子已经能够理解字母组成的发音、单词和意义了。因此，感觉型的孩子往往不太喜欢阅读，他们只愿意看一些讲述有趣的客观事实的读物。

在学习数学时，感觉型的孩子也会倍感吃力。在入学之前，我们需要反复向他们解释数字的概念，才能让其明白阿拉伯数字"3"是一种代表数量"三"的简单书写方式，否则的话，他们总会觉得"3"就是画在黑板上的一条波浪线。感觉型孩子的观察能力很强，他们能够牢牢记住所有这些形状各异的曲线。我们可以告诉他们，如果看到"2"加上一个弯弯曲曲的"3"，就一定要记得在最后写上一个更加复杂的曲线符号"5"。这些孩子的记忆力都不错，他们会记住这个答案。通过大量的数字卡片练习和死记硬背，他们会记住所有数字的"加法"和"减法"，但他们却从来不会质疑这些数字本身有什么含义。对于很多感觉型的孩子来说，"2+3"和"3+2"完全是两码事，他们必须分别学习并背诵这两个算式。

因为追求精准的性格特征，在进行简单的数字计算时，感觉型的孩子往往比直觉型的孩子表现更好。但在解决代数或者应用问题时，很多感觉型的孩子就会一头雾水，弄不清楚到底要计算什么。一个 12 岁的小女孩在解一道百分比的问题时说："你看！这道题目我已经做了三遍了，可我还是不知道正确答案是什么！"而大多数直觉型的孩子在理解抽象符号的含义时都没有什么障碍，他们从一开始就能够理解数字的含义，并顺利地解决相关的数学问题。这种反差很可能会让感觉型的孩子觉得自己很笨，他们会因此备受打击，无比沮丧。

当然，感觉型的人其实一点都不笨，只不过在 6 岁之前，需要有人来告诉他们数字的含义而已。如果从一开始就有人用简单明了的方式让他们理解数字的含义，明白算术究竟是什么，那么他们就能很轻松地算出"2+2=4"，甚至想要一生都跟数字打交道。感觉型的人理智可靠、追求精准，因此常常能成为优秀的会计、资产管理员、导航员和统计员。

关注现实是感觉型孩子的天分所在，要想充分锻炼这一天分，就要给他们充足的机会和时间去接触并理解现实。直觉型的孩子往往靠理解去掌握新知识，而感觉型的孩子则喜欢通过再三重复来学习。感觉型的孩子很容易在历史、地理、社会学或者生物等涉及大量客观事实的科目上大放异彩，但与此同时，也可能在基于抽象公理的科目上一筹莫展。一般来说，这都是因为任课老师在讲解这些公理时过于简单、抽象，感觉型的孩子在短时间内根本无法将课本上的公理与生活中的实例结合起来。比如，像物理这样的科目，对于习惯形象思维的感觉型学生来说，就是噩梦般的存在。

在这里，我想举一个略带讽刺意味的例子。有个学生既认真又努力，成绩基本属于 B 级，他想成为一名医生，而他的人格类型是 ISFJ（内倾感觉情感判断型），也确实很适合从事医疗行业。但是当初考医学院的时候，他完全跟不上"工程物理学"这门医学预科课程，考试也没有及格。现在，他已经如愿成了一名医生，他的患者们从不在意他的诊断速度是否够快，只在乎最终的诊断结果是否准确。当初导致他挂科的感觉型思维习惯，如今却在工作中派上用场了。在诊疗过程中，他需要注意和判断的就是患者的心跳、呼吸和面色等具体细节。无论是发挥自己的临床经验还是运用书本中的理论知识，在面对具体的病患时，医生都必须以实际的触觉、视觉和听觉信息为准。药剂研究员、医科教师或者其他领域的专家也许需要敏锐的直觉，但感觉型的人作为家庭医生自有其优势，他们也许不擅长物理学，但这并不意味着他们不能成为优秀的家庭医生。约翰·霍普金斯大学很早就意识到了这种情况，因此该校为医学预科班的学生开设了专门的物理学课程，而之前的常规物理课程已不再纳入医学院的入校考核体系了。

如果从幼儿园开始，教育工作者们就关注学生的感知偏好，并将不同感知偏好的学生的需求差异都考虑在内，那么，这个社会的人才资源必将得到更愉快也更高效的利用。到那时，偏好感觉的孩子将再也不会因为对直接观察和亲身体验的依赖而受到责罚。要知道，在达尔文还是学生的时候，他那古板的校长就为此断定其智商有问题。

在表 5-1 中，我们总结了"感觉型"（S）和"直觉型"（N）个体的不同特质。这些不同之处在外倾感知型（EP）个体身上表现得格外明显，因为 EP 型个体的感知心理功能既明显地表现在外部世界，又作为主导心理功能体现在他们的生活风格上。如果感知只是个体的辅助心理功能，它就必须服从处于主导地位的判断心理功能，这样的话，这些由不同感知偏好所导致的差异也就不会那么明显了。

感觉型（S）	直觉型（N）
观察生活很敏锐，追求快乐。	对生活充满期待，追求灵感。
能够敏锐地感知到各种类型的信息，对外部环境的情况了如指掌；非常善于观察，但缺乏想象力。	只有当感官信息与自己当下的灵感一致时，才会全身心地去感知并观察环境；拥有天马行空的想象力，但缺乏观察能力。
天生的享乐者和消费者，全然接受并热爱生活本身，常常自得其乐、心满意足。	天生的开创者、创新者和推动者；对生活本身的兴趣不大，接受度也不高，不太会享受生活，总是躁动不安。
追求掌控和享乐，因为善于观察，所以常常模仿他人，别人有什么自己也想要，别人做什么自己也想做，对物质环境的依赖性很强。	关注机遇和可能性，因为善于想象，所以做事富有创意，不在乎别人有什么或者做什么，也不依赖物质环境。
极度厌恶与感觉无关的工作，很难为了长远利益而牺牲眼前的享乐。	极度厌恶处处需要感觉的工作，他们既没有活在当下，也不享受当下，因此能够为了更好的未来而最大限度地放弃眼前的享乐。
偏好活在当下的生活艺术，对于事业成就并不热衷。	热衷于为事业成就而奋斗，对于当下生活的艺术和乐趣毫不关心。

（续表）

感觉型（S）	直觉型（N）
热衷于各种享受和娱乐活动，追求舒适、奢侈和美好的东西，并因此推动着社会的发展。	在与人类利益息息相关的领域能充分发挥自己的创造性和主观能动性，展现出卓越的实干精神和领导能力，并因此推动着社会的发展。
需要充分发展自己的判断心理功能，使之与感知心理功能保持平衡，才能避免流于轻浮。	需要充分发展自己的判断心理功能，使之与感知心理功能保持平衡，否则的话很容易三心二意、变化无常且缺乏毅力。

表 5-1 感觉与直觉偏好的区别

第六章 思维与情感

"思维"（T）与"情感"（F）是两种截然不同的决策工具。两者都属于理性判断方式，并且都具有内在一致性，但两者的工作标准却各不相同。约兰德·雅各比（Jolande Jacobi）在 1968 年曾指出，"思维"是从"真－假"的角度进行评估判断的，而"情感"则以"可接受－不可接受"为标准进行判断。这听起来非常像思维型个体的表述。事实上，"可接受"这个轻描淡写的词根本不足以展现情感判断过程的丰富内涵。

我们必须认识到，这两种判断方式都有各自适用的领域。在需要思维的时候动用情感，或者在需要情感的时候动用思维，都有可能酿成大错。

思维的本质是客观的，其目的是发现客观真理，并不会受个体本人或者他人意愿的影响。一位 17 岁的内倾思维型少年曾经这样质疑生命的起源，他说："我不在乎最终的真相到底是怎样的，但我希望所有的真相都能够环环相扣、彼此印证，而不是漏洞百出。"对于一些客观问题，比如桥梁建造或者法令解释等，我们都可以也应该从"真－假"的角度出发提出正确的解决方案。而此时，"思维"就是更为适合的工具。

但如果问题的主体不是客观的事物或者观点，而是涉及人以及人与人之间的自愿合作，那么思维就不太适用了。任何人（包括思维型的人）都不喜欢被轻视，也不愿意被当成"物品"对待。人类的行为动机是极其主观的，因此，如果问题涉及人文关怀和价值评估，"情感"就是更有效的工具。

对于思维型个体来说，基于情感的判断方式是不负责、不可靠也不可控的，但他们并没有权利来评论情感判断的优劣。思维型个体只能评判自己的情感判断是否可靠，而他们的情感判断功能发展得并不完善，因此也确实不太可靠。不过，当情感功能高度发展时，就可以成为评估价值的可靠工具。情感可以准确地识别出个体最重要的价值并将其奉为最高指导原则，其他一些不太重要的指标则会按照轻重缓急依次往后排。当情感外倾并直指他人时，不仅可以评估对方的价值，也可以用来传递自我的价值。

因此，在教育、表演和其他艺术领域，在演讲辩论和销售行业，在神职人员与信徒的交流中，在家庭成员之间的沟通中，在社交生活中，在任何领域的咨询中，在人与人之间构建起关系桥梁的，正是"情感"。

"思维－情感"判断偏好是唯一一个存在显著性别差异的人格维度。在女性群体中，情感型的比例远远高于男性。男女两性在这一人格类型上的比例差异也影响了人们对于男女差异的认知。一般来说，女性的逻辑思维能力较弱，但是更加温柔细腻、周全得体，她们善于交际，但不善分析，在处理事情时往往更关注人情，而这些都是情感判断方式的典型特征。无论男女，情感型个体往往非常类似，而思维型个体则很少这样。在概括男女特征时，人们往往会忽视思维型女性和情感型男性，部分原因在于这些不符合人们常规印象的个体经常会用使用保护色，将自己真实的人格特质掩藏起来。

在现实生活中，思维型个体强大的逻辑优势太显而易见了，因此我们就不在这里讨论了。（在本书第九章中，我们在分别讨论各种人格类型时，会对思维型个体进行一些详细描述。）但这并不等于说思维型个体在所有脑力活动中都具有绝对的优势，事实上，即便在纯粹的思维问题上，他们也并不总是得心应手。正如有些思维型个体所承认的，有时候，当他们在进行思维判断的时候，适当地运用情感功能作为辅助不仅无伤大雅，甚至会大有帮助。而情感型个体也时常需要借助一定的逻辑思维来帮助自己说服思维型的人，否则的话，思维型的人是很难接受他们那些纯粹基于情感判断而得出的结论的。很多重大发现往往是在情感动机的驱动下萌芽，并在敏锐直觉的感知下完成的，但在最终公布之前，则需要利用逻辑思维来检查是否存在问题或漏洞。

在智力测验或学术测验等传统的心理功能评估中，INFP（内倾直觉情感感知型）和INFJ（内倾直觉情感判断型）的人往往很容易取得高分，这两种类型的个体都倾向于忽视思维的作用。思维对智力活动的影响似乎要比直觉小得多，即便是在一些专业领域也是如此。比如，人们通常认为逻辑思维能力对于科学研究是至关重要的，但事实并非如此。

因此，思维型个体并不见得拥有超强的思维能力，他们只是更善于在生活的各个方面运用思维。在应对客观问题时，思维型个体往往状态极好，而他们也确实非常善于处理那些需要抛开人情世故的客观问题。比如，法官和医生在工作中就常常要抛开私人情感。有这样一位著名的外科医生，他的思维特质极其强烈，永远都是一副公事公办、冷漠无情的样子，根本就不关心自己的孩子，而他的妻子在无奈之下只能将孩子们带到他的办公室。

最后，逻辑思维不见得就是最好的思维方式。逻辑思维的产物无外乎就是它最初所涉及的客观事实（这些事实未必都建立在可靠的感知之上），以及这些事实所固有的逻辑。

据说，有人曾讽刺说，所谓的"逻辑"看起来十拿九稳、有理有据，但其实是走在错误的道路上而不自知。他所表达的就是典型的直觉型和情感型个体对于这种枯燥无味的处事方法的质疑。当情感型的人认为某个人、某件事或某种行为是重要的，但却遭到思维型的人用逻辑来反驳时，他们就会觉得被泼了冷水。这时候，情感型的人会认为这个人的思维判断肯定是错的！思维型个体总是在相互驳斥，每个思维型的人都在宣称："这样才是对的。"而情感型的人只需说一句："我觉得这个很重要。"

在表 6-1 中，我们总结了"思维型"（T）和"情感型"（F）个体的不同特质。在人格类型表中，它们分别位于表格的两侧和中间。我们描述的这些区别特征在外倾判断型（EJ）个体身上表现得最明显。EJ 型个体的判断心理功能既明显地应用在外部世界，又作为主导心理功能体现在他们的生活风格上，因此我们能够清楚地观察到这些不同之处。如果判断只是个体的辅助心理功能，它就必须服从处于主导地位的感知心理功能，而这些由不同判断偏好所导致的差异也就会表现得比较隐晦。

思维型（T）	情感型（F）
重视逻辑而非感情。	重视情感而非逻辑。
通常比较客观，关注客观事物而非人际关系。	通常比较主观，关注人际关系而非客观事物。
如果必须在诚实和圆滑之间选择，往往会选择诚实。	如果必须在诚实和圆滑之间选择，往往会选择圆滑。
善于经营管理，但不善社交。	善于社交，但不善经营管理。
经常会基于自己的原则去质疑对方，倾向于认为对方是错误的。	倾向于认同他人的意见，想他人之所想，相信对方很可能是对的。
简明扼要，公事公办。因为不了解或者不在乎人情世故，往往显得不近人情。	天性随和，不管是否处于社交场合，他们都很难做到简明扼要和公事公办。
能够按照合理的逻辑来组织相关信息和观点，并简要地进行陈述、分析，要点清晰、结论明确，不会重复。	往往不知道该从何说起，也不知道该如何表达自己的想法。因此经常会肆意漫谈，或者啰嗦重复，思维型的人会觉得他们废话太多、不着边际。
通常会压抑、低估或者忽视那些不符合自己逻辑思维判断的情感体验。	通常会压抑、低估或者忽视那些有悖于自己情感判断的思维想法。

（续表）

思维型（T）	情感型（F）
能够客观理性地批判社会中不良的风俗习惯和教条观念，在发现问题的同时也能提出解决方案；关注人类对于自身的探索，支持各种科学研究，并因此推动着社会的发展。	在推动社会发展方面，能够全心全意地拥护自己认为"好的"行为和活动，是团体组织中的"好人"，对组织的认可度很高，并能高效地为组织服务。
思维型个体以男性为主，如果与情感型个体结为夫妻，会自然地成为对方的思维守护者，帮助对方整理思路，处理逻辑问题。	情感型个体以女性为主，如果与思维型个体结为夫妻，通常会成为对方的情感守护者，帮助对方处理各种棘手的情感问题。

表 6-1 思维与情感偏好的区别

第七章　判断与感知

判断型的人认为应该按照自己的意愿去选择和改变生活，感知型的人则认为人们应该尽可能地去体验和理解生活。因此，判断型的人喜欢将事情安排得井井有条，而感知型的人则喜欢随机应变，为了避免错过任何宝贵的生活体验或者灵感启迪，他们很少提前计划或者进行抉择。在生活中，这两类人的区别也是显而易见的。

正如"判断"这个词所代表的意思一样，判断型个体永远都在追求结论。他们喜欢对各种事情指手画脚，哪怕毫无必要。通常来说，判断型的人不仅会将自己要做的事情提前计划好，还会对别人的事情指指点点。但凡有一点机会，判断型的人就会忍不住大肆干涉别人的想法。如果你刚认识一个人不到 10 分钟，他就开始告诉你："你应该怎么怎么做……"，那他一定属于判断型。

有些个体的判断偏好并不是非常典型，他们会在心里念叨对方的是非对错，但并不会真的说出口。而感知型的人根本就不会思考这样的问题，与其去评判别人，他们更愿意去了解别人在做什么。两个经典的感知型范例就是英国作家吉卜林笔下的角色，一个是《猫鼬》（ *Rikki-tikki-tavi* ），其宗旨就是"寻找真相"，另一个则是好奇心永不满的《大象之子》（ *Elephant's Child* ），它总是不停地问"为什么"，并总是因此挨揍。

感知型个体对于"是什么"和"为什么"的强烈好奇并不意味着他们在追究最终的结论。不到万不得已，感知型个体从来不会对任何事情下定论，甚至在必须做决定的时候也拒绝表态。在感知型的人看来，任何事物都包含着错综复杂的因素，而谁也不可能完全掌握所有的真相，因此，每当看到判断型个体如此热切地追求结论，他们会非常诧异。只有判断型的人才会相信"一个糟糕的决定也比没有决定强"。在面对问题时，感知型的人倾向于通过更好地理解问题而最终解决问题，偏好直觉的感知型个体会试图"发现问题的本质"，而偏好感觉的感知型个体则会试图"全方面地了解问题"——他们也确实有这样的能力。在这种情况下，他们并没有刻意地进行判断，因为问题的解决方法就隐藏在问题中，在不断审视问题的过程中，感知型的人只是自然而然地"看到"了解决方法。

当然，感知型的人并不是完全不需要判断。他们的感知也同样需要良好的判断功能的辅助。否则的话，就会像帆船顺风疾驰，却没有放下稳向板。感知型个体需要借助判断功能（思维或者情感均可）来保证各个目标的一致性，并提供相应的标准来评判和控制自己的行为。

另一方面，如果没有良好的感知功能进行辅助，判断型个体就会成为不懂付出和合作的人。他们会变得狭隘苛刻、一叶障目。我们可以用"偏见"来形容这种只判断不感知的人，因为他们对于感知怀有不可理喻的偏见。

不仅如此，如果偏好思维或情感判断的个体不能对自我进行准确的感知，就很容易陷入缺乏具体内容的形式化判断中。他们会听信于环境中流行的各种形式：思维判断型个体会采纳那些固有程式和公认准则；而情感判断型个体则会以自己内心认可或不认可的情感态度为准。而无论个体偏好哪种判断方式，他们对于这些方式的应用基本上都是生搬硬套，完全不懂得结合具体的环境进行变通。只有借助感知功能（感觉或直觉均可），个体才能真正理解环境，开阔思路，并直接体验到生活的真谛，进而避免做出盲目的判断。

因此，要想健康和谐地发展，个体就必须学会用感知去辅助自己的判断，或者用判断去辅助自己的感知。这并不会影响他们原本的人格偏好和天赋特质。

判断型个体的天赋包括：

- **做事高效**。判断型个体天生就善于确定解决问题的最佳方式。思维判断型个体喜欢尝试最合理的方法，而情感判断型个体则喜欢采用最愉悦、最恰当或最得体的方法。

- **条理清楚**。判断型的人觉得秩序是宇宙第一准则，他们出于实用性的考虑而努力维持秩序。思维判断型个体会把五斗柜的每一个抽屉都收纳的整整齐齐，但并不在乎柜子的顶端是否整洁；而情感判断型个体有更高的审美需求，除了整理好每个抽屉，他们还会将柜子的顶端收拾得赏心悦目。

- **计划性强**。个体行为上的秩序感会表现为计划书和日程表。判断型个体会提前规划好自己的目标，并认真拟定相应的实施计划，有时候这些计划的周期会非常长。情感判断型个体的日程表经常排的很满，因为他们要参加大量的社交活动。

- **坚持不懈**。判断型的人一旦下了决心就会坚持不懈地做下去。凭借着强大的意志力，他们往往会取得令人瞩目的成就。在龟兔赛跑的故事中，赢得比赛的乌龟肯定属于判断型，而爆发性强但输了比赛的兔子，很可能是缺乏判断力的外倾直觉型。

- **决策果断**。并不是每一个判断型的人都喜欢不停地做决策。有些判断型个体可能只是讨厌事情悬而不决，而这些人很可能是情感判断型而非思维判断型。

- **专业权威**。判断型的人希望自己的标准能够得到他人的认可，并且乐于为别人提供建议。思维判断型个体的执行和组织能力很强，但在面对强硬规则时，情感判断型个体往往更善于圆滑妥善地执行。

冯·方格在 1961 年进行的一项调查显示，在 124 名学校行政管理人员中，判断型人格类型的比率高达 86%。

- **观念稳固**。判断型的人通常很清楚自己对于重要事情的认知和看法。
- **接受惯例**。之所以把接受惯例放在最后，是因为任何惯例都注定会在发展过程中逐渐消失，但偏好感觉的判断型个体似乎最能够坦然地接受各种惯例。

感知型个体的天赋包括：

- **率性自然**。所谓"率性自然"，指的是哪怕自己的任务还没有完成，也能够全身心地享受当下并接受启迪的能力。在感知型的人看来，参观孩子发现的鸟窝，慢慢搜索某个问题的答案，或者全神贯注地倾听一个秘密，都远比按时吃饭重要。
- **思维开放**。感知型的人热情友好，乐于认可并接受新的信息，即便这些新信息可能会冲击已有的决定或观念。他们态度开放，为了能够随时吸收新的信息，往往不会明确表示自己的决定或想法。
- **善解人意**。在与他人打交道时，感知型的人能够站在对方的角度理解问题，而不是一味地传达自己的判断。在子女教育上，那些任何时候都能带着感知态度去理解孩子的父母往往更被信赖，而那些随时都在表达自己意见（通常是反对批评意见）的父母则会大大打击孩子的信心。较少发表意见的感知型父母往往更受尊重，因为他们更懂得倾听，也更了解真实的情况。事实上，感知的态度与严格的教养并不矛盾。纪律能够强化原则，如果孩子懂得这些原则，他们更容易适应这个社会，因此，我们应该像对待成年人一样对待孩子，而不是对他们的一举一动都喋喋不休。
- **包容性强**。感知型的人秉持"共生共荣"的生活准则，这一方面是因为他们不愿意干涉别人的生活，另一方面则是基于自己的感知经验：他们相信这个世界上可以存在多重标准，每个人都可以拥有自己独特的生存方式。但在一些至关重要的问题上，如果没有原则地一味姑息放纵，这种包容性就会造成危害。

- **好奇心强**。永不休止的好奇心是上天赐予感知型个体的最具活力的天赋，他们总觉得那些未知的事物更有趣。在好奇心的驱使下，感知型的人会发现无数的新奇知识和经历诸多独特的体验，并积累惊人的信息。他们从来不知道厌倦的滋味，无论在什么样的环境中，他们总能发现有趣的东西。

- **乐于体验**。感知型个体相信自己尚未做过的事情必然很有趣。如果他们拒绝尝试某个新事物，可能是因为那不符合他们的口味或原则，也可能是因为他们有更想做的事情，但无论如何，他们都不会像判断型的人那样对什么都不屑一顾。

- **适应性强**。在面对困难时，感知型的人会采取一些可行的手段来化解问题，并获得成功。一位判断型丈夫曾对他那位典型的感知型妻子大加赞扬，称赞她总能在意外发生、计划泡汤的时候迅速理清头绪，找到应对方案。事实上，她从来都没有想过要采用预先定好的计划，因此才能轻松地在情况变化的时候提出新方案，而她本人也非常享受这种随机应变的挑战。

根据上面罗列的这些特征，读者可能很难判断自己究竟属于哪种类型，因为在现实生活中，一个人应该做的、实际做的和想要做的事情往往并不一致。其中，想要做什么是个体的本能倾向，因此，在判断自己的人格类型时，应该以自己的本能倾向为准。个体对于是非对错的观念是后天习得的，是从各种不同人格类型的人那里学到的，而个体的实际行为则在无意识中反映了个体的习惯，这些习惯可能受到了父母的影响，也可能源于自己长期的努力。

需要强调的是，"判断－感知"（JP）偏好指的是个体对待外部世界的惯常态度，内倾型个体尤其要注意这一点。个体在与他人接触过程中表现出的行为特征决定了个体在人格类型表中 JP 维度上的位置，这一维度代表的是个体表现在外的生活风格，是个体应对外部世界的方式。外倾型个体在 JP 维度上的偏好与其主导心理功能是一致的，但内倾型个体则不然。

因此，一个内倾型个体对外也许会表现出非常明显的判断态度，但这种判断态度并不是决定性的。他用来对付外部世界的"判断"（J），其实要服从他用来处理内部世界的心理功能，而这个处于主导位置的心理功能就是感知维度的"感觉"（S）或"直觉"（N）——内倾型个体对外部世界的所有"判断"都基于自己最喜欢的某种感知偏好的需求。例如，内倾判断型个体对外表现得逻辑清晰、决策果断，但前提是这些逻辑没有妨碍个体对内部世界的感知。

同样，一个内倾型个体表现在外的感知态度，也要服从他用来处理内部世界的"思维"（T）或"情感"（F）判断功能，一切都要以处于主导地位的判断心理功能所确定的价值取向和原则为准。有一名高中女生，她是内倾型的，并且一向对外表现出感知的态度，但同学们都投票认为她"很有决断能力"，这让她非常意外。事实上，在投票开始前，有些议题恰好触及了这名女生内心深处的情感价值取向，她内心主导的情感判断心理功能自然无法对此置之不理，于是她收回了自己惯常的感知态度，在所有涉及到自己情感价值取向的问题上都果断地坚持了自己的立场。

在表 7-1 中，我们总结了"判断型"（J）和"感知型"（P）个体的不同特质。通过这些对比，我们会发现位于人格类型表中第四行和第三行的外倾型人格之间的区别，以及位于第一行和第二行的内倾型人格之间的区别。因为内倾型个体主导心理功能的特殊性，现实生活中也可能会出现一些例外。

判断型（J）	感知型（P）
决断性强，好奇心不足。	好奇心强，决断性不足。
根据不易更改的计划、规则和习惯等生活，在条件允许的情况下会及时调整当下的环境，使之符合特定的规则、习惯等。	根据环境的变化而随时调整生活状态，随遇而安，面对意外情况能够及时调整自我。
面对生活的种种可能，能够做出明确的选择，不喜欢也不能充分利用计划外或意料外的突发状况。	能够驾轻就熟地面对和处理各种突发状况，但面对生活的诸多可能，往往很难做出高效的选择。
判断型个体是理性的，为了避免不愉快的意外，他们在生活中非常信赖逻辑判断，无论这种判断是自己做出的，还是他人给予的。	感知型个体是经验主义者，时刻准备着迎接新的体验或挑战，进而不断地获得新的经验，尽管有些经验已经超出了自己的理解和消化能力，他们也依然乐此不疲。
喜欢当机立断，尽快做好安排和决定，以便能够确定接下来会发生什么，并做好相应的计划和准备。	不到最后一步，就不愿意做出明确的决定，因为他们对于相关信息的掌握总是不够充分。
在任何事情上，都觉得自己比对方更清楚应该做什么，并且乐于指点或干涉对方。	清楚对方在做什么，但是喜欢袖手旁观，期待看到最终的结果。
当完成任务、清除障碍或理清思路时，会感到非常快乐。	开始新的体验时会非常快乐，而当新鲜感消失，他们的快乐也就结束了。
认为感知型的人是漫无目的的漂流者。	认为判断型的人生活死板、毫无乐趣。
追求"正确"。	追求"不留遗憾"。
自我约束，目标明确，精准无误。	灵活多变，适应性强，博爱包容。

表 7-1 判断与感知偏好的区别

第八章　外倾与内倾的对比

在前面四章中，我们分别讨论了外倾与内倾、感觉与直觉、思维与情感，以及判断与感知偏好的区别。这四个维度的偏好相互组合，就构成了不同的人格类型。但是，这些来自不同维度的偏好特征并不是简单地叠加，它们会相互影响、彼此互动，并最终形成 16 种复杂的人格类型特征。

当不同的心理功能偏好（思维、情感、感觉或直觉）分别与外倾或内倾相结合时，它们的区别就会非常明显。本章的剩余部分是四张表，在表 8-1 至表 8-4 中，我们分别用不同的短句总结了外倾思维型与内倾思维型、外倾情感型与内倾情感型、外倾感觉型与内倾感觉型，以及外倾直觉型与内倾直觉型人格之间的区别。表中的内容是凯瑟琳·库克·布里格斯在研究《人格类型》时搜集整理的，其中包括外倾型或内倾型个体的特定心理功能选择或忽视的信息类型、它们的优势和缺陷、特定心理功能的目标和表达方式等。

外倾思维型	内倾思维型
思维判断主要受直接或间接获取的客观信息影响。	思维判断主要受根植于原型的无意识的主观信息影响。
相信从经验中获得的具体、客观信息，认为抽象观念空洞无物、无足轻重。	做决策时主要根据内心的抽象想法，认为客观现实信息只是对抽象想法的说明和印证。
相信自身以外的信息，认为这样的信息更可靠也更宝贵，比思维本身更有助于决策。	作为思维型个体，相信自己的观察和理解能力，认为自己天生具有的原型经验是内心的财富，这些经验是可靠而宝贵的。

（续表）

外倾思维型	内倾思维型
目的是寻找现实问题的解决方案，探索真相并将其归类，批判或修正大众的观念，规划项目，优化方案。	目的是明确问题，创建理论，提出设想，发表见解，并最终通过外部事实来检验相关想法或理论的正确性。
容易纠结无关紧要的具体细节。	能够抓住事物之间的共性，排除无关信息的干扰。
容易沉溺于累积信息，而大量的信息又会淹没意义，阻断思路。	容易忽视某些客观事实，或者根据个人需求强行扭曲事实，只愿意承认那些支持自己观点的信息。
其主体由一系列具体描述构成，思维容易随着外部感知的变化而变化。	其主体是内部思维活动，与感官信息联系松散，内心世界丰富多彩。

表 8-1 外倾思维型与内倾思维型的对比

外倾情感型	内倾情感型
情感判断主要受客观因素影响，且能够使个体的行为符合一般习俗并感觉"正确"。	情感判断主要受主观因素影响，并在生活中作为指导和依据，而这也决定了个体对事物的情感态度是接受还是拒绝。
可以帮助个体适应客观环境。	通过排除或忽视情感上不能接受的事物，来帮助个体适应主观环境。
根据环境中的示范、惯例和习俗进行判断，广博但不够深厚。	根据爱情、爱国、宗教、忠诚等抽象的情感进行判断，深厚热情但不够广博。
无条件地接受集体的理想，并从外部群体中寻找自己的安全感和价值感。	从自己内心的财富、理念和抽象概念中寻求安全感和价值感。
目的是与他人建立并维持轻松和谐的情感关系。	目的是培养并守护内心的情感生活，尽可能地实现内心的理想。
能够轻松地表达自己的观点，令他人产生似曾相识的感觉，善于同情并理解他人。	过于压抑自己的情感，常常不露声色，看上去近乎冷漠，并因此被人误解。

外倾情感型	内倾情感型
容易过分压抑个人观点，对外表现得过于富有情感，可能会让人觉得虚情假意或装腔作势。	可能会没有任何实际成就，也从不对外倾诉，容易显得多愁善感、不切实际，经常是一副顾影自怜的样子。

表 8-2 外倾情感型与内倾情感型的对比

外倾感觉型	内倾感觉型
尽可能压抑感觉信息中的主观因素。	尽可能压抑感觉信息中的客观因素。
重视对客观事物的感知，对于主观印象不太敏感。	重视客观事物传达出的主观印象，但对客观事物本身并不敏感。
实事求是地看待事物，不做任何多余的加工。"河岸边的迎春花"在他们看来只是迎春花而已。	看待事物时带有强烈的主观色彩，事物本身并不重要，重要的是个体在无意识中对事物的理解。
容易走向切实具体的快乐，充分享受当下的每一个瞬间，其他的都不在乎。	容易走向思考，在原型的帮助下，能够看到事物的本质而非表象。
容易被强烈的刺激吸引，并会持久地关注，因此生活很容易被外部世界的各种意外事件影响。	根据自己内心的兴趣选择关注的对象，别人很难预料他们会被什么样的刺激吸引，也不知道他们会关注什么。
热爱享乐，热衷于探索未知事物，经历丰富但大多都是浅尝辄止，知识面广但分散凌乱。	内心世界非常古怪，以自我为中心，对事物的看法往往与众不同，可能会显得有些荒谬。
需要与内倾判断功能相互平衡配合，否则的话很容易成为肤浅的经验主义者，除了传统的习俗和禁忌，其他的都不在乎，迷信并且道德感低下。	需要与外倾判断功能相互平衡配合，否则的话很容易变得沉默寡言，难以接触和沟通，只会跟别人聊聊天气等大众话题，满口都是陈词滥调。

表 8-3 外倾感觉型与内倾感觉型的对比

外倾直觉型	内倾直觉型
为了更好地理解客观环境而深入思考。	为了更深入地思考而努力理解客观环境。
认为每一个当下都是禁锢自我的牢笼，并且试图通过彻底改变客观环境来快速逃离这个牢笼。	认为每一个当下都是禁锢自我的牢笼，试图彻底地改变自己对客观环境的主观理解，进而快速地打破这个牢笼。
完全受外部环境的引导，不断地寻找新的可能性，一旦发现这样的机遇，会不惜一切代价去尝试。	从外部环境中获得动力，但并不会被各种外部机遇所束缚，而是不断用新的角度去审视和理解生活。
可能会成为艺术、科学、机械、发明、工业、商业、社会、政治或探险等领域的人才。	可能会在艺术、文学、科学、创意、哲学或宗教等创造性领域取得成就。
能够自然轻松地表达自我。	很难自由地表达自我。
认为开创并推动新事业的发展是非常有意义的事情。	认为理解以及更深入地理解生活是最有意义的事情。
需要努力发展判断功能来平衡自我，判断不仅能够客观评判个体对于各种事物的直觉性热情，也可以保证个体能够顺利完成这些事物。	需要努力发展判断功能来平衡自我，判断不仅能够客观地评判个体对各种事物的直觉性理解，也可以帮助个体与他人交流自己的见解，并将其运用到现实生活中。
以上两种人格类型都会习惯性地进行预期，并能够快速地理解事物。	

表 8-4 外倾直觉型与内倾直觉型的对比

第九章　16 种人格类型

不同人格维度的不同偏好相互组合，便构成了 16 种不同的人格类型。每一种人格类型都包括一种主导心理功能，这一主导功能可能是外倾的也可能是内倾的，并且受到辅助心理功能的调节。（要注意，内倾型个体的辅助心理功能是外倾的，用来负责个体的外部行为。）如果从因果关系的角度来理解书中对于这些人格类型的描述，我们就能轻松地记住并发展每一种人格类型的特征。

在第四章到第八章中，我们已经讨论过每一个人格维度的不同偏好会对个体造成的影响以及它的表现特征，因此当从整体上描述具体的人格特征时，我们将不再单独考虑这些因素。任何一个内倾型的人自然都具备一般的内倾特质，如果反复强调这一点，反而会混淆不同内倾型人格类型的典型特质。

批判荣格理论的人们认为，"内倾"并不是一种独立的特质，因为这个世界上有各种各样的内倾型。"内倾"确实不是一种特质，而是一种基本的倾向或态度。在 8 种偏好内倾的人格类型中，因为不同人格维度偏好的相互作用，"内倾"在不同人格类型中的表现也各不相同。

在接下来的例子中，我们将两两一组区分不同的人格类型，每一组人格类型除了辅助心理功能，其他各个方面都是一样的。首先是一组外倾思维型人格类型：ESTJ（外倾感觉思维判断型）和 ENTJ（外倾直觉思维判断型），我们将详细分析这两种人格类型的相同点和不同点。然后是一组内倾思维型人格类型：ISTP（内倾感觉思维感知型）和 INTP（内倾直觉思维感知型），分析方式同第一组一样。接下来的讨论对象分别是：外倾情感型和内倾情感型、外倾感觉型和内倾感觉型、外倾直觉型和内倾直觉型等。

　　显然，如果一个外倾型的人与一个内倾型的人表现得非常相似，那肯定是因为他们在人格的其他维度上偏好都一样。他们具有同样的感知和判断偏好组合，在应对外部世界时，使用的也是同样的心理功能。在日常生活中，他们看起来几乎像同一类人，只有在一些非常重要的问题上，内倾型个体才会动用自己的主导心理功能，进而表现得跟平常不太一样。

人格阴影区

　　在对具体的人格类型进行分析时，我们描述的都是该人格类型的最佳状态特征，也就是那些健康正常、身心和谐、适应良好、幸福快乐且高效能干的个体所表现出的特征，我们假设这些个体的主导心理功能和辅助心理功能都是充分发展的。但在现实生活中，每个个体的人格发展状态其实是千差万别的。如果个体的辅助心理功能存在缺陷，那么在对事物的感知和判断上，在平衡外部世界和内部世界上，个体就很容易失控。而如果个体的主导心理功能发展不良，他就会非常明显地呈现出所属人格类型的各种缺陷和问题，其他的典型能力和特征则几乎不见踪影。

　　无论个体的人格发展状态是好是坏，每个人都有一定的人格阴影区。正如良好的人格特征是各种心理功能健康发展的结果，阴影区则是个体拒绝排斥那些心理功能造成的后果。在阴影区，个体会使用相对幼稚和原始的方式进行感知和判断，这些功能并不会服从于某个具体的意识目标，它们无视标准，肆意妄为，只想逃避健康人格的束缚。

　　如果阴影区的人格失控，个体往往会万分懊悔。有人在经历了这种失控后说："我也不知道自己当时怎么会那样，我真的不是故意的！"无论个体是否能够明确地意识到，很多令人遗憾的异常行为基本上都是阴影区人格的杰作。在电影《窈窕淑女》（*My Fair Lady*）中，那位性情暴戾的亨利·希金斯（Henry Higgins）教授就坚称自己是个"平静温柔的人"。

了解阴影区是很有必要的，它可以解释人们表现出的一些看似奇怪的矛盾的态度和行为。如果一个人的日常特征明显地属于某种人格类型，但他的某些行为又完全与这种人格类型相左，那么就可以考虑一下这些行为是好是坏。如果这些行为比他的日常行为差，那么很可能是他的人格阴影区在作祟。

个体的人格类型是生活中各种意识倾向的产物，是个体的思维方式和习惯。之所以能够称其为习惯，就说明它们是好的、有趣的和可靠的。而阴影区的失控往往就发生在个体粗心大意的时候。

有些内倾型个体极少关注外部世界，因此，负责他们外部世界的辅助心理功能也基本没有发展。他们对外的表现几乎都是无意识的，外界看到的大多都是他们的阴影区人格，而他们本人对此却毫无知觉。一位妻子用MBTI 评价自己的丈夫是 ISTJ（内倾感觉思维判断型），但她的丈夫其实是典型的 ISFJ（内倾感觉情感判断型），只不过他很少对外表达自己的情感偏好，取而代之的是他的人格阴影区中无意识的且功能较差的思维偏好。

外倾思维型：ESTJ 和 ENTJ

- 善于分析，客观公正。
- 可能会从事行政、法律或技术工作，或者热衷于改革。
- 善于组织、整理一切事物。
- 有强大的决断能力、逻辑分析能力和推理能力。
- 根据自己深思熟虑的结果去控制自己及他人的行为。
- 重视事实、公式和方法等客观信息。

■ 不重视情感生活。

　　■ 不重视社交活动。

　　外倾思维型个体会尽可能地运用自己的思维去推动这个世界的发展。但凡外部环境中有需要组织、批判或者规范的地方，他们就会动用自己的思维。他们通常喜欢制订计划并发布应用的指令来保证计划的实施。他们无法忍受混乱、低效或者半途而废，以及任何目的不明、效率低下的行为。他们通常会果断干脆地执行纪律，能够在必要的时候保持严厉的态度。

　　外倾思维型个体堪称标准的组织管理型人才。其他人格类型的个体也许会成为组织管理者，有些甚至表现得非常出色，但我们很难说这些人是在"享受"这样的工作，还是在拼命完成这样的工作。早在童年时期，外倾思维型的孩子就会表现出对组织管理工作的兴趣，无论是否受同学欢迎，他们总能成为班干部。

　　很多时候，外倾思维型的人之所以能够保证效率，是因为他们愿意对自己或者他人发出严格的命令。他们会预先定好计划，然后按部就班地努力并最终达成目标。在理想情况下，他们会严格地监督自己的行为，一旦发现偏离标准，就会立刻纠正。

　　外倾思维型的人习惯以判断的态度对待事物，不仅如此，他们还会采取强有力的措施来践行自己的判断，哪怕这种判断是错误的。有一位外倾思维型的朋友曾经写信跟我说："我总是忍不住要做各种决定，有时候甚至是为了决定而决定。在我熟悉的领域中，我能够快速准确地进行决策。可在那些我不了解的事情上，我也会忍不住快速判断并做出错误的决定。而所有这一切，都是因为我热衷于做决定，但却没有花费足够的精力去了解情况。"

　　外倾思维型个体需要一个发展良好的感知心理功能作为辅助，以保证个体能够做出有理有据的判断，并在必要的时候延缓判断，让个体更充分地感知环境和搜集信息。要做到这一点并不容易，但回报却非常可观。对于外倾思维型个体来说，更好的感知功能不仅能让他们的判断更加准确，还能帮助他们更好地理解他人，改善人际关系，而这正是他们所需要的。

外倾思维型的人会根据自己的判断来设置这个世界的规则。他们遵循这些规则生活，并希望别人也这样。要想改变他们，就必须先改变他们的规则。但如果其感知功能存在缺陷，他们就很难清楚地展示出这些规则，更无法让别人也接受这些规则。久而久之，这些规则就会变得狭隘而呆板，它们会成为外倾思维型个体的束缚。不仅如此，连他们身边的人也会因此受到牵连，尤其是他们的家人。他们会认为，任何符合规则的就是对的，不符合规则的就是错的，而规则没有涉及的都是无关紧要的。就像荣格说的："这是世界的法则，无论何时何地，这些法则都必须被严格遵守……任何违背这些法则的人都是错误的、荒谬的、不道德的，也是没有良心的。"

这个问题的本质在于任何人都不能将自己的判断强加在他人身上。判断型的人可以对自我进行任何判断，但绝不能妄自判断他人。在对人的判断上，思维判断型的人要比情感判断型的人更加严苛，因为思维具有天然的批判性。思维判断型的人会去分析、判断，并会经常说："如果换一种方式，事情肯定会好很多。"而情感判断型的人则倾向于表示赞同和欣赏。如果情感功能发展的不够好，思维型的人可能很难做到这一点。但他们确实可以偶尔尝试在自己的规则中添加一些情感因素，随着日积月累，他们就能学会使用自己的感知功能，欣赏别人身上的闪光点，并将自己的欣赏表达出来。

因此，任何建议都可以找到更好的表达方式。每个人都渴望被了解，对于下属来说，这一点尤其重要，因为他们很难在上司面前据理力争并捍卫自己的观点。孩子、妻子和丈夫也同样需要被倾听，因为他们也很少会牺牲家庭的和睦而与家人一争高下。

此外，为了自身的发展，思维型个体也应该好好培养自己的感知态度。如果生活的方方面面都交由思维主导，那么他们的情感就会被彻底压抑，变得毫无用处。他们可能会突然情绪失控大发雷霆，并感到非常尴尬，而在主观意识中，他们根本不"想"这么做。但是，如果他们懂得培养感知功能，并偶尔关闭自己的思维判断，那么内心的情感就能找到一个合理的出口，也就不会那么容易崩溃了。

外倾思维型个体往往对理性分析深信不疑，如果他们做出了一个决定，就必然会去践行。言必信，行必果，这就是他们的优势所在。

外倾感觉思维判断型（ESTJ）

ESTJ 型的人通过感觉而非直觉去观察世界，因此，他们非常关注通过不同感官获得的具体信息。他们习惯就事论事，注重实效，善于感知并记住各种具体细节；他们能够忍受各种规矩，也能处理好各种机械化的事务；他们非常务实，关注当下。他们思维缜密，考虑的都是实际而具体的事情，并不会像直觉型个体那样，总是跳跃式地思考问题。

能够直接刺激感官的新鲜事物往往会激起 ESTJ 型个体的好奇心，无论是新物件、新发明、新的体育项目，还是新房子、新食物、新风景或者新出现的人物，都会引起他们的关注。而那些不容易被直接感知的抽象的新观点或者新理论，则因为不够真实具体，所以很难被他们接受。对于ESTJ 型的人来说，任何难以捉摸的抽象事物都非常讨厌，因为这会影响他们对于现实世界的直接感知和判断，进而会影响到他们的安全感。

ESTJ 型的人习惯通过熟练的技能或以往的经验去解决问题。他们喜欢从事能够立竿见影、引人瞩目且有具体成果的工作。他们对于商业、工业、生产、建造等行业有着天然的偏好。他们也热衷于管理、组织和执行等工作。如果作为管理者，他们喜欢根据现实情况和程序来制订计划和目标。他们不太信任自己的直觉，但偶尔也会通过直觉去评估某个想法的可行性和价值。

在所有的人格类型中，ESTJ 几乎是最男性化的，而属于这一类型的男性比率也确实是最高的。

外倾直觉思维判断型（ENTJ）

ENTJ 型的人通过直觉而非感觉去理解世界，因此，他们更关注未来发展的可能性而非眼前可见的或已知的事实。在直觉的驱使下，他们对知识充满兴趣，对新的想法（无论这些想法在当下看来是否有用）充满好奇。他们能够耐着性子钻研高深的理论，也愿意尝试解决复杂的问题；他们富有远见，见解深刻，关注并重视远期的可能性。

ENTJ 型的人很少选择与直觉无关的工作。他们更愿意去解决各种问题，并成为某个领域的专家。他们更关心宏大的事情，而非某个产品或事情的细节。

如果 ENTJ 型的人成为管理者，会更倾向于选择直觉型的人与自己共事，并希望同事具有敏锐的领悟力，拥有与他们一样的工作思路。但他们也需要在自己的团队中安插至少一个感觉型的人，以免忽视了一些重要的细节和相关信息。

内倾思维型：ISTP 和 INTP

- 善于分析，客观公正。
- 主要关注事物的基本原则。
- 善于组织各种概念、想法（INTP）或事实（ISTP），如非万不得已，不会主动去处理与人或环境有关的问题。

- 善于感知理解，而非强势主导，只有在一些脑力问题上才会表现出思维的决定性。
- 看起来沉默寡言、低调含蓄、超然世外，甚至会有些冷漠，但在亲密的人面前会有所不同。
- 内心非常关注眼前的问题以及相关的分析。
- 容易害羞，年轻时尤其如此，因为他们内心关注的问题往往无助于闲谈或社交。

内倾思维型个体用思维去分析世界，而不是去管理世界。思维让他们具有逻辑性、客观性和批判性，如果没有合乎逻辑的推理分析，他们是很难被说服的。作为内倾型个体，他们关注事物背后的原理，而非事物本身。他们很难将自己的思维从抽象观念转移到生活琐事上，所以在日常生活中，他们往往会抱着感知的态度，并因此显现出一种超然世外的关心和随和。但如果内心的基本原则受到了挑战，他们就不会再一味地顺从了。

内倾思维型的人往往坚韧不拔，很少受到外部环境的影响。他们目标明确，追求精神上的持续成长，所有的社交和情感问题都必须服从于精神成长这一长期目标。但在传达并让他人接受或理解自己的观点时，他们可能会比较吃力。对于内倾思维型的人，荣格是这么描述的："他们很难抛开自己的方式，也很难让别人认同自己的想法……他们只是公开了自己的想法而已，却又常常因为这些想法没有得到大家的广泛认同而无比苦恼。"

个体如果将内倾思维运用在数学上，就会成为爱因斯坦；如果运用在哲学上，就会成为康德；如果运用在国际政治上，就会成为威尔逊；而如果运用在心理学上，就会成为荣格。在工业领域，内倾思维型的人应该负责制订某个问题或某项操作的基本原则，而具体的实施和操作则应该由其他人格类型的人去完成。亨利·福特（Henry Ford）非常善于制订适用于各种复杂问题的基本原则，并进行大范围的推广应用，这就是他取得成功的法宝。（福特总是极力保持自己行为的独立性，以避免花费过多的精力去说服他人认同自己的想法。）

要想保证效率，内倾思维型个体就必须努力发展自己的辅助心理功能去进行充分的感知并帮助自己思考。如果他们的感觉和直觉都发展不良，那么他们对世界的感知就会存在重大缺陷，如此一来，他们的思维就会变得空洞缥缈、苍白无力。此外，如果没有良好的辅助心理功能，他们在外部世界也会寸步难行。他们会明显地脱离外部世界，即便按照内倾型的最低标准来看也是如此。

内倾思维型个体的短板显然是外倾情感。他们往往不明白别人的情感需求是什么，除非有人能告诉他们。但是他们能够也应该明白，人人都希望得到他人的认可，也希望自己的观点能够得到他人的尊重，这是基本的人际交往原则。当对方需要被认可的时候，我们可以适当说几句赞扬的话；在反驳对方的观点之前，我们也可以先明确地指出自己认同的部分。内倾思维型的人如果能够努力做到以上两点，他们的工作和生活必将得到极大的改善。

与所有内倾型个体一样，内倾思维型的人也会因为辅助心理功能的不同而表现出巨大的差异。在 ISTP（内倾感觉思维感知）的人格偏好组合中，"感觉"（S）会为个体提供必要的现实信息，使个体更加务实，有时候还会令个体对体育运动和户外活动等产生兴趣，并因此感受到意想不到的快乐。而在 INTP（内倾直觉思维感知）的人格偏好组合中，"直觉"（N）则会增加个体的敏锐性和想象力，使个体对那些需要聪明才智的工作产生浓厚的兴趣。

对辅助心理功能的选择还会影响个体对主导心理功能的使用，因为不同的感知方式将会为个体带来不同的感知内容，这些不同的内容被内部思维加工以后，就会产生不同的结果。如果个体通过"感觉"（S）筛选信息，那么思维最终接收到的信息就会更加具体和形象，即便涉及操作机制或统计数据，也都是事实性的。而如果个体通过"直觉"（N）进行感知，那么最终筛选出的信息就会更加理论化和抽象化，同时也为个体的洞察力和独创性提供了更大的施展空间。

内倾感觉思维感知型（ISTP）

ISTP 型的人热衷于实践和应用科学，尤其是机械领域。在所有的心理功能中，"感觉"（S）最能够帮助个体理解那些具体可见的事物，个体能够直观地通过感觉去了解事物的状况，并判断能用它做什么以及不能做什么。这种类型的人往往拥有很强的动手能力，具有将理论应用于实际的天赋。

在处理非技术性的问题时，ISTP 型善于根据基本原则从庞杂的数据中理出头绪，从凌乱的信息中发现意义。这种对信息和细节的感知能力非常有助于个体从事与经济相关的工作，比如证券分析、商业或工业的市场销售分析等。总之，ISTP 型的人非常擅长与数字打交道。

有些 ISTP 型的人，尤其是年轻人，非常在意做事的效率。如果他们能够准确地评估出某件事情需要花费的精力，并立刻投入与之相匹配的精力，那么这种观念确实有助于提高效率。但如果他们低估了问题的难度或不愿意付出努力，那么所谓的追求效率就会变成懒惰懈怠，并最终令他们一事无成。

内倾直觉思维感知型（INTP）

很多 INTP 型的人都是科学、数学、经济学和哲学等领域中的学者，他们是擅长抽象思维的理论家。在所有的人格类型中，INTP 也许是最有智慧的。与单纯地思考不同，"直觉"（N）能够让他们更深刻地理解事物。他们对知识怀有无比的好奇，拥有敏锐的理解力，在解决问题时总能想出各种机智的点子。有时候，他们只需扫一眼，就能判断出其中的可能性，而此时，通过逻辑分析可能找不到丝毫头绪。至于缺陷，那就是"直觉"让他们很难形成固定的行为模式，他们可能需要在一生中不断摸索，才能最终适应某种模式。

因此，INTP 型的人非常适合从事药品研发和试验工作。比起实践自己的想法，他们更喜欢分析问题，并找到解决方案。他们制订规则，创建理论；在他们看来，任何事实都是对某种理论的支持和佐证，而不是可供私人利用的信息。

有一位 INTP 型的教授曾对一个外倾型学生说："你的论文并没有什么错误，但是大部分篇幅都在描述事实而不是阐述原则。显然，你觉得事实比理论更重要，所以我才给了你 B。"比起成绩本身，这名学生更难接受的是教授给出的理由。她愤怒地说："事实当然是最重要的啊！"

很多 INTP 型学者都是教师，尤其是在大学里。因为大学很重视他们的研究成果，而他们也很重视大学提供的学习和研究机会。但是，他们的教学风格又决定了他们更关心学术而非学生。著名数学家高斯就曾表示教学让他感到非常痛苦，为了阻止学生选他的课，他甚至说他的课程有可能会取消。

沟通问题也会影响他们的教学效果。一个简单的问题也许只需要一个简单的答案，但内倾思维型的人却认为必须给出最精准的答案以及所有可能的学术解释。他们的答案是那么精准而复杂，结果很少有学生弄明白。如果他们能够简化答案，并用浅显的语言进行解释，那么绝大多数学生肯定都能理解。

在科研和学术圈外，INTP 型的人很少会成为管理者。很多优秀的管理者都会充分掌握在外部环境中出现的各种情况，以便更好地进行组织管理。INTP 型的管理者会通过感知的方式行使自己的权力，他们会利用自己的智慧和理解力去发现实现目标的有效途径。他们会用自己的标准去衡量一切提案，并保证最后采纳的提案完全符合这些标准。因此，无论 INTP 型的人管理什么，他们都会努力保证自我的完整性。

INTP 型的人（外倾直觉型的人也一样）的问题在于，他们总以为自己凭借"直觉"（N）感受到的那些诱人的可能性是极有可能实现的。他们应该根据实际情况和相关局限来检验自己的直觉，否则，当他们意识到自己把大量的精力浪费在了某件不可能实现的事情上时，一切都已经太晚了。

外倾情感型：ESFJ 和 ENFJ

- 最重视和谐的人际关系。
- 非常适合从事需要与人打交道的工作，非常擅长与人沟通并展开合作。
- 亲切随和、善于变通、富有同情心，能够恰当地表达自己的情感。
- 对表扬和批评都非常敏感，渴望符合所有人的期望。
- 为了做决定并处理好事情，会直接表明自己的观点和判断。
- 坚韧不拔、勤勉认真，即便在小事上也井井有条，并希望别人也能如此。
- 理想主义，待人忠诚，对爱人、组织和事业忠心耿耿。
- 偶尔会使用思维判断去理解思维型个体提出的观点，但绝不会允许思维干涉自己的情感目标。

外倾情感型的人热情友好，他们也非常渴望从他人身上得到同样热烈的情感回应。他人的赞赏会令他们倍感温暖，而冷漠则会让他们备受打击。他们的很多快乐和满足不仅源于他人，也源于自己的温暖情感。他们经常仰慕别人，并关注别人身上最令人钦佩的品质。

他们总能从别人的观点中发现有价值的地方，即便有些观点是相互矛盾的。他们相信和谐，并总是努力争取和谐。由于太过关注他人的观点，外倾情感型的人有时会忽视自己的想法。在与别人交谈时，他们总能保持活跃的思维，而他们也非常享受这种交流。

外倾情感型个体所有的心理功能都会在与他人接触时得到最佳发挥。范·德·霍普说："他们的思维是在表达的过程中形成的。"但是，在敏锐抽象的思维型个体看来，这种在表达的过程中临时形成的思维往往冗长而混乱。在授课或演讲中，这种表达与思考相互混合的风格也许是一种优势，但也会因为不够简练和高效，导致他们的工作推进得非常缓慢。外倾情感型的人往往在各种会议上花费大量的时间和精力。

外倾情感型的人有典型的理想主义倾向，这种理想主义有两种表现形式：他们会努力实现自己的理想，也会将自己喜欢的人和机构理想化。无论哪种情况，他们都会极力压抑和否定自己与他人的一切情感冲突，并令他们在任何涉及情感的事情上都显得不切实际。（外倾感觉型个体的随和、社交性与外倾情感型很像，但在遭遇同样的情感冷漠和冲突时，外倾情感型的人会否认其存在，内倾情感型的人会表示谴责，而外倾感觉型的人则会接受现实并坦然释怀。）

因为处于主导地位的情感是判断心理功能，因此在日常生活中，外倾情感型个体往往表现为判断态度。但他们并不会像外倾思维型个体那样有意识地去处理各种问题，而是在情感上希望事情得到妥善解决。在外倾情感型的人看来，这个世界大局已定，很多事情是无法改变的，人们对于各种行为、话语、观点和信仰是欢迎还是拒绝，他们早已心知肚明。他们认为真理是不证自明、一目了然的，因此，他们会迅速地做出自己的评估，并不假思索地将自己的想法表达出来。

要想保证判断的有效性，就必须以良好的感知功能为基础。如果是
"直觉"（N）作为辅助心理功能得到了良好的发展，那么个体的洞察力和
理解力就会大大提升。而如果是"感觉"（S）作为辅助心理功能，那么个
体就能更加直接地认识并理解生活的现实性。任何一种感知功能都可以为
个体的情感判断提供坚实的基础。而如果两种感知功能都存在缺陷，那么
个体的情感判断就会像空中楼阁，没有任何基础可言。

如果没有辅助心理功能进行协调，外倾情感型的人必然会迫切地为自
己的情感判断寻找依据。他们别无选择，只能采纳一般的社会准则。如此
一来，他们虽然能够适应社会，但因为缺乏感知功能，往往又很难与他人
和睦相处。

有一位极度缺乏感知能力的外倾情感型女性与她正处于青春期的孩子
矛盾重重。有人建议她停止对孩子的判断，并换以感知的方式去理解孩子。
后来她说："这真是太神奇了！但也确实是我做过的最难的改变。"

在缺乏足够感知的情况下，外倾情感型的人很容易做出结论并根据错
误的假设行事。如果遭遇逆境和批评，他们往往会对现实情况视而不见。
与其他人格类型的个体相比，他们很难正视自己不愿接受的事物，事实上，
他们可能连看都不看就直接回避了。而如果他们总是这样逃避问题，就不
会去寻找问题的解决方法，问题也就会一直存在。

外倾感觉情感判断型（ESFJ）

ESFJ型的人一般都事实就是、遵循常规且能言善辩，他们热衷于追求
财富，喜欢漂亮的房子和各种能够改善生活的东西。ESFJ型的人喜欢关注
各种各样的亲身经历，包括他们自己的、朋友的和熟人的，他们甚至会被
陌生人的生活经历所打动。

根据哈罗德·格兰特（Harold Grant）在1965年做的一项调查，ESFJ

型的人把"有机会为他人服务"作为理想工作的一项重要特征。他们对于儿科的兴趣远高于其他任何医学学科，而他们也是各种人格类型中最热爱儿科的。对于身体状况的同情和关心，使得很多 ESFJ 型的人都在从事医疗保健行业，尤其是护理这一需要提供温暖、安慰和悉心照料的职业。（我在 1964 年对护理专业的学生进行了调查，结果发现，ESFJ 和 ISFJ 型学生的退学率是最低的。）

即使在办公室工作，ESFJ 型个体的"情感"（F）也发挥着巨大作用，令他们能够与各类同事融洽相处。在所有人格类型中，ESFJ 是最能够适应各种规章制度的。他们不在乎从事什么职业，只希望在工作的过程中能与他人愉快地交流，并希望在友好融洽的氛围中工作。一位电信公司的职员本来是拒绝工作调动的，直到上级向她保证会分别由旧同事和新同事为她举办欢送会和欢迎会，她才同意了调动。只有将工作调动提高到社交层面，她的情感才能接受这种变化。

外倾直觉情感判断型（ENFJ）

ENFJ 型的人对于新鲜观点总是充满好奇，他们喜欢阅读，具有广泛的学术兴趣，能够包容各种理论、视角和见解，对于超越现实的各种可能性充满想象。他们的表达能力很强，但他们往往更愿意说话而非写作。

"直觉"（N）的洞察力和"情感"（F）的热情在 ENFJ 的人格组合中得到了最大程度的发挥。这一类型的个体在很多工作岗位上都有出色表现，比如教师、牧师、职业生涯规划师和心理治疗师等。显然，ENFJ 型个体对于和谐的追求已经从情感扩展到了认知观念。一名非常有魅力的 ENFJ 型女孩从中学时代就痴迷于打字，她曾很诚恳地对我说："有人问我如何看待打字，我真的不知道该如何回答，因为我根本不知道她对打字的感觉。"

内倾情感型：ISFP 和 INFP

- 重视内心情感生活的和谐。
- 在涉及个人价值的独立工作中表现最佳，比如艺术、文学、科学、心理学和其他需要感知功能的工作。
- 情感丰富但很少表露，内心的温柔和热情往往被外表的矜持和平静所掩盖。
- 不受他人判断的影响，遵循自己内心的道德准则。
- 按照价值取向的轻重缓急直接在内心进行判断。
- 责任感强，不会强迫或影响他人的意愿。
- 有理想主义倾向，非常忠诚，对爱人、事业和目标忠心耿耿。
- 偶尔会使用思维判断去争取思维型的人支持自己的情感目标，但绝不会允许思维干涉自己的情感目标。

内倾情感型的人非常温暖热情，但这种热情只有在彼此熟悉之后才会表现出来。他们将自己的温暖包裹在内，就像穿着一件毛皮大衣一样。他们依赖情感，总是以自己的主观价值观去评判所有事物。他们非常清楚自己最在乎什么，并会不惜一切代价去保护它们。

因为他们的情感是内倾的，主要用来负责内部世界，因此在面对外部世界时，他们主要使用自己偏好的"感觉"（S）或"直觉"（N）感知心理功能，并且显得开放、灵活、顺从。但如果问题威胁到其核心价值观，他们就会坚决地不再顺从。

在自己认可的工作上，他们会非常努力，情感上的认可令他们工作起来动力十足。他们希望通过努力工作来实现自己的理想，比如促进人们的相互理解、幸福、健康，完成某个项目或者实现某个承诺等。无论工作的薪水是否丰厚，他们都希望具有明确的目标。一旦涉及情感，他们就会表现出完美主义倾向，并会在独立工作的过程中获得最大的满足。

内倾情感型个体的效率高低取决于他们能否在工作中找到相应的出口来表达自己的信念和理想。如果能够找到，他们内心的信念就会为其指明方向并提供力量。而如果没有这样的出口，他们就很容易因为人际关系的动摇而变得敏感脆弱，他们会感到自卑，丧失信心，并对生活充满怀疑。

ISFP 型的人更容易察觉到理想与现实之间的差距，自信心也更容易受挫。相比之下，INFP 型的人则会因为"直觉"（N）的乐观估计而低估现实的严峻性，而这种低估也会使其自信心遭受打击。但总体来看，与其他人格类型相比，这两种人格类型都更容易受到现实的打击。

对于内倾情感型个体来说，只有充分利用感知和理解功能，才可能找到解决问题的方法。这是上天赋予他们的生存方式，他们必须相信和不断强化自己的感知能力，并通过这种能力来解决内部和外部世界中的各种问题。借助感知，他们在困难面前才不会横冲直撞，而是能够冷静地"看清"方向，找到突破口。当遭遇质疑、冷漠或敌对时，尽管他们对外的努力和内心的平静都会受到影响，但他们依然能发挥自己强大的理解能力，在避免正面冲突的前提下尽力完成任务。《伊索寓言》里有这么一个故事：大风并不能刮走旅行者身上的斗篷，但太阳的照耀却让他大汗淋漓，并主动脱下了斗篷。事实上，大多数人都很难抗拒真诚的关心和理解。

尽管内倾情感型的人看起来并不强势，但他们其实非常认同自己的生活风格。那些与内倾情感感知型相对立的人格类型，比如外倾型、思维型、判断型，甚至是这三种人格偏好的组合，都会显得更加自信。其中，外倾思维型在所有人格类型中看起来最自信。

内倾情感型的人也有自己独特的优势。他们能够完成其他人格类型的人无法完成的任务，而他们的贡献也确实无人能及。在他们看来，任何人格类型的优势都有可能得到充分实现，因此，人与人之间的特质差异并不是缺陷而是独特的优势。个体越是信任自己的天赋，就越能够将其发挥到极致。当个体无法认同自己的爱人或者偶像时，这种观念也有助于缓解冲突。

内倾感觉情感感知型（ISFP）

ISFP 型的人非常清楚现实状况，他们能够发现需求并会努力地满足这些需求。在 16 种人格类型中，只有 2 种类型的人对临床医学和各类疾病抱有浓厚的兴趣，而 ISFP 就是其中一种。除此之外，那些重视品位、差异、审美和平衡的工作也很符合他们的口味。他们手艺超群，热爱大自然和小动物。虽然不如 INFP 型的人那么能言善辩，但他们坚信千言万语都不如实际行动。

ISFP 型的人非常适合从事需要全情投入并快速适应的工作，比如家庭护士。任何一个家庭护士都不会指望工作情境一成不变，他们总是需要迅速地掌握情况，并根据当下的具体情况做出恰当的反应。

ISFP 型的人处事低调，并时常低估自己，他们也许是最谦虚的人格类型。无论取得多出色的成绩，他们都认为是理所当然的，并没有什么了不起。他们完全不需要圣保罗的教诲"不要高估自己。"事实上，他们更应该试着提高对自己的评价。

内倾直觉情感感知型（INFP）

在任何与人打交道的领域，INFP 型的人都有可能脱颖而出，比如咨询、教育、文学、艺术、科学研究和心理学等。将科研列在这里可能有些出人意料，但我确实是这么认为的。我的父亲莱曼·布里格斯（Lyman J. Briggs）是国家标准局的局长，我真的希望从事科研的人是像我父亲那样的内倾直觉思维型（INT），而不是像我和我母亲这样的内倾直觉情感型（INF）。事实上，在国家标准局的优秀研究员中，INF 型确实比 INT 型少得多，虽然这些为数不多的 INF 型研究员取得的科研成果也是毫不逊色的。这可能是因为 INF 型个体的"情感"（F）引发了他们的研究热情，"直觉"（N）让他们确信一定可以发现真相，而最终的论证分析过程，则需要由"思维"（T）来主导。

INFP 型的人往往极有语言天赋。之前在做高中毕业生的人格类型表时，我们调查过四位 INFP 型女生。一位是学校杂志社的编辑，被认为是"最可能成功的人"；一位是学校年鉴的编辑，她同时也是学校杂志社的文字编辑，并代表全体毕业生做毕业演讲；第三位女生连续四年获得学校奖学金，并成为了大学校报的编辑；第四位女生同时拥有卓越的想象力和语言才华，但不太善于对外表现，在她创作的诗歌中曾写到："梦想家们漂越生命的地平线"。

INFP 型个体的文学天分源自"直觉"（N）与"情感"（F）的结合。"直觉"（N）为他们提供了想象力和洞察力，"情感"（F）则令他们渴望沟通和分享，而对语言的驾驭能力显然同时涵盖了直觉的符号象征能力和情感的艺术鉴赏能力。因此，所有 4 种"直觉情感型"（NF）个体可能都具备这种天赋。但如果是外倾情感型个体，比如 ENFP 和 ENFJ，或者是对外表现为情感型的 INFJ，则可能更偏好简单省力的口头表达，并选择从事教师、牧师或心理治疗师等职业。而内倾情感型个体，比如 INFP，则更喜欢文字表达，并会尽力避免不必要的个人接触。

外倾感觉型：ESTP 和 ESFP

- 现实主义。
- 实事求是，讲求实用。
- 适应性强，亲切随和，自在大方，对他人和自己都很宽容。

- 天生懂得享受生活，对任何体验都充满热情。

- 关注事实，善于把握细节。

- 善于从经验中学习，进入社会以后的表现尤为出色。

- 比较保守，重视传统习俗，喜欢保持现状。

- 能够接受、享受并记住大量的现实信息。

外倾感觉型个体的最大优势就是他们的现实性。他们主要通过各种感官坚信判断，相信自己看到的、听到的和直接获得的信息。因此，他们永远都清楚自己处在什么环境中。以"情感"（F）为主导心理功能的个体习惯从"应该是这样"的主观角度出发看待事情，而以"思维"（T）为主导心理功能的个体则习惯从"一定会这样"的客观角度出发看待事情。如果"直觉"（N）处于主导地位，那么个体就会关注事情发展的可能性，而"外倾感觉型"个体则会就事论事，接受现实。他们的处世方式省时省力。他们从来不会为现实而纠结，相反，他们会迅速接受并利用现实。他们不会横冲直撞，如果前方的道路行不通，他们会立刻改变方向。他们不会拘泥于固定的计划，而是根据实际情况随机应变。

一般来说，他们不用计划也能出色地完成任务。他们喜欢在事情发生的时候再着手处理，并相信只要掌握了充足的信息，就一定能够找到解决方案。他们不受"应该"和"一定"的束缚，只是紧跟事实，并且总能找到非常实用的方法。

因此，这种类型的个体非常善于处理错综复杂的矛盾，并能够让事情顺利推进。他们卓越的协调能力来自于对环境中各种因素的准确把握。他们能够接纳别人本来的样子，而不会受到个体特质的迷惑。

外倾感觉型个体之所以能够接受并享受各种事实，是因为他们有强烈的好奇心。一位外倾感觉型朋友曾写信告诉我："我的脑子里确实装满了各种毫不相关的事实，但我还是想知道更多。"与所有的外倾感觉型个体一样，ESTP 和 ESFP 型个体总是对各种直接刺激感官的新鲜事物好奇不已，比如新的食物、风景、人物、活动、物品、器械装置等。但是，那些与感官无关的新鲜事物，比如抽象的想法、理论等，因为不够真实具体，所以就不太容易被他们接受。他们讨厌神秘的东西，因为那会破坏他们在这个真实世界中的安全感。他们不会轻易喜欢或者信任一个新想法，除非他们有足够的时间去理解，并有大量的事实可以验证。

所以，外倾感觉型的人善于处理各种已知和熟悉的问题，但不善于处理完全未知的新问题。他们的强项是对各种事物和环境的把控，尤其是复杂的事物和环境。

外倾感觉型的人天生热爱机械，也非常清楚各种机械的用途。在我们认识的 20 位最优秀的外倾感觉型的人中，有一位是顶尖的机械工程师，一位是精密仪器师，一位是非常著名的机械专业老师，一位是海军事故处理工程师，一位是政府的专家，专门通过分析飞机坠毁的碎片来确定飞机设计中的缺陷。

在个人生活方面，外倾感觉型的人非常懂得生活的艺术。他们喜欢收藏，并不惜花费大量时间去搜集、保养和欣赏藏品。他们喜欢实实在在的享受，比如吃美食、穿新衣；他们热爱音乐、艺术和大自然，乐于体验各种娱乐设备。而即便没有以上这些东西，他们依然能从生活中找到乐趣。因此，外倾感觉型的人是绝佳的生活伴侣。他们喜欢健身，热爱体育，而且水平也都不错，即便不直接从事体育活动，他们也往往是体育场上的拉拉队。

在学校里，外倾感觉型的学生一般不会把书本上的知识当成未来生活的基础，也不认为这些知识可以取代直接经验。他们习惯于死记硬背，这种方式可能适用于某些课程，但在物理、数学这类需要理解原理的科目上就没多大用处了。有一个故事，讲的是一名以能征善战闻名的将军，年轻时差点因为功课不及格而被西点军校开除，因为在战术考试中，他把老师在课堂上讲的战术原封不动地写在了考卷上。

范·德·霍普是这样描述外倾情感型个体的："他们深受客观事实的影响，与其他类型的人相比，他们对事实的反应最为真实客观，很少带有个人偏见……他们有时会为了理想而与现实抗争，但总是有些羞涩。他们坚信自己的经验，是典型的经验主义者，在日常生活中一般比较传统。他们为人和善，是可靠的工作伙伴、绝佳的生活伴侣，会讲精彩的故事。他们的观察能力很强，并且非常善于利用自己的观察。他们能够准确地感知到各种细节，并根据这些细节做出准确的评估。除此之外，他们还能准确地判断事物的实用性和耐用性。"

外倾感觉型的人天生偏好感知，他们的优点是思想开放、宽容灵活，但同时也缺乏毅力和决断力，没有稳定的方式和原则。但如果能够发展出良好的判断功能来平衡自己的感知，那么他们的这些性格缺陷也就不复存在了。外倾情感性的人需要努力培养自己的思维判断或情感判断能力，以便保持自身目标和性格的统一。否则的话，他们很容易变得懒惰无常，释放出阴影区的人格特质。

外倾感觉思维感知型（ESTP）

ESTP 型的人偏好根据"思维"（T）而非情感（F）进行判断，因此他们更清楚某种行为或某个决定的逻辑后果。在"思维"（T）的作用下，ESTP 型的人很容易理解事物背后的原理，他们擅长数学和各种理论，在必要的时候，能够表现出强硬的态度。

在处理机械或其他具体问题时，ESTP 型的人严谨实际，不会将问题复杂化。在一些简单直接的问题上，他们的判断往往是准确可靠的。

他们喜欢实际行动而非夸夸其谈。越是那些可以直接采取行动解决的问题，他们越是能表现得清晰高效。他们也许会百无聊赖地闲坐，但那其实是在用友好的方式告诉别人，如果有好玩的事情，他们可以随时起身大干一场。

外倾感觉情感感知型（ESFP）

ESFP 型的人习惯根据"情感"（F）进行判断。在"情感"（F）的驱使下，他们的兴趣和精力主要集中在"人"的身上。他们亲切友善、周到得体，非常善于跟人打交道；他们看人很准，总能做出准确到位的评价。在学校里，大家对 ESFP 型学生的评价普遍是"最友善"或者"最有团队精神"。ESFP 型的人往往具有极高的艺术品位和鉴赏能力，但他们的逻辑分析能力不强。如果作为执法人，这一类型的人很可能会心慈手软。

内倾感觉型：ISTJ 和 ISFJ

- 系统性强，吃苦耐劳，有始有终。
- 特别忠于职守，但 ISFJ 型的人比 ISTJ 的人更乐在其中。
- 工作努力，是所有内倾型中最务实的。
- 对外表现得非常实事求是，但内心对于各种感官印象的反应非常个性化。
- 非常有耐心，善于处理细节问题。
- 能够适应各种日常惯例。
- 能够吸收并善于使用各种事实信息。

由于特殊的人格维度偏好组合，内倾感觉型的人是非常值得信赖的。在内部世界，他们以自己最偏爱的"感觉"（S）功能为主导，积累了大量深厚坚实的感觉信息，并将自己所有的想法都建立在这些信息之上，而这些想法一旦形成就很难被动摇。在外部世界，他们则运用自己偏爱的"思维"（T）或"情感"（F）进行判断。因此，内倾感觉型的人对于各种事实以及由这些事实所带来的责任、义务都怀有无比真切、全然的尊重。"感觉"（S）为他们提供大量的事实信息，而受"内倾"（I）这一典型特质的影响，他们总是三思而后行，经过停顿、思考之后，便在判断功能的作用下接受自己应该履行的责任。

面对各种风波变动，他们往往置身事外，绝不会被动摇。"内倾"（I）、"感觉"（S）与"判断"（J）的组合造就了他们强大的稳定性。他们不会因为冲动而贸然行事，而一旦开始就义无反顾，不会轻易分心、泄气或中途放弃（除非有事实证明他们确实错了）。无论做任何事情，他们都会表现出这种稳定性。

内倾感觉型的人善于运用经验，这也有助于他们维持自己的稳定性。他们习惯以过去的经验为参照来分析眼前的情况。在管理领域，这种习惯有助于保证政策的一致性，也能够在管理者采取变革的时候保持足够的谨慎性。而在对某个人或某种方式进行评估时，这种方法也能帮助个体从各种偶然因素中发现一致的结论。

内倾感觉型的人喜欢凡事都有据可依且表述清晰简洁。按照范·德·霍普的说法，这种类型的人"从来不把直觉当回事，并且对那些信赖直接的人表示担忧。他们拥有很强的细节感知能力，并能够根据这些细节做出准确的判断。在熟悉的领域中，他们如鱼得水。他们的专业技术非常扎实，但从来不会因此骄傲。他们能够客观地认识到自己的优势和劣势，就像他们能够客观地看待一切现实一样。但总体来说，内倾感觉型的人对自我的评价是偏低的"。当他们的优秀品质得到足够的重视，并被安排到合适的环境和岗位上时，往往最容易取得成功。

除了以上这些显而易见的优点，内倾感觉型的人还有一种奇特的魅力，但只有非常了解他们的人，才能发现这种魅力。强大的感知能力令他们总能看到事物的本质并做出生动有趣的反应，这种反应具有极强的个人特色，他人完全无法预料。谁也不知道在他们那看似平静的外表之下，究竟活跃着什么稀奇古怪的想法。只有在"卸下责任"以后，在不需要应付外部世界，也不需要履行责任或进行判断的时候，他们才会自由地释放内心的感知。这时候，他们也许会讲出自己的心里话，让别人能够一窥他们的内心世界。他们所展露的感知和想法可能荒诞不经，可能玩世不恭，可能感人至深，也可能幽默滑稽，但绝不可能是你预想的那样，因为他们感知生活的方式是极其个人化的。

当"肩负着责任"与外界打交道时，他们所展现的主要是判断心理功能，这是他们应对外部世界的惯用方式。也就是说，他们的辅助心理功能要么是"思维"（T），要么是"情感"（F）。

内倾感觉思维判断型（ISTJ）

ISTJ 型的人重视逻辑、分析和决断。只要具备足够的外倾性，他们就能够成为优秀的管理者。他们也可能成为尽职尽责的律师，因为从来不会心存侥幸，所以总能抓住对方的漏洞和错误。所有的合同都应该请 ISTJ 型的人过目，他们不会忽略任何细节，对于什么应该包含在内、什么不应该包含在内，他们都心知肚明。

ISTJ 型的人是做会计的好材料，也是做录音誊写的理想人选。一位抄录部门的经理挑选了 3 名最适合这份工作的职员，这 3 名职员都具有极高的准确性、持续性和专注性，并且都能保证在工作过程中全神贯注、不开小差。这 3 名职员都是女性，并且都是 ISTJ 型。事实上，这种人格类型在女性中的比率大概是 1/23。

如果有必要，ISTJ型的人会毫无保留地帮助别人，但在逻辑思维的作用下，他们会抵触任何没有意义的要求或期望。他们往往很难理解那些相距自己甚远的需求，但一旦认识到这种需求对于他人的重要性，他们就会将其视为一种值得尊重的事实，并会竭尽所能地帮助对方。而即便如此，他们仍然会坚持认为这种行为是毫无意义的。事实上，ISTJ型的人丝毫不能容忍那些因为粗心大意或缺乏远见而犯下的错误，但同时，他们还是会付出时间和精力去帮助对方。

有时候，ISTJ型个体的人格发展模式会超越主导心理功能和辅助心理功能——他们会发展出第三种心理功能，也就是"情感"（F）作为自我人格的补充。他们会利用"情感"（F）来处理各种人际关系，尤其是用来促进与亲密朋友的沟通。

内倾感觉情感判断型（ISFJ）

ISFJ型的人重视人与人之间的忠诚、关怀以及大众的幸福。他们非常适合担任家庭医生，在与患者接触时，他们的"情感"（F）会给患者带来温暖和信心，而充分发展的"感觉"（S）又能让他们觉察到任何症状，并根据其精准广博的记忆做出正确的判断。

ISFJ型的人也适合从事护理工作。我曾调查过全国各地护理学院的学生，结果表明，在自愿选择护理专业的学生中，ISFJ型的人数是最多的，而在中途退学的学生中，ISFJ型的人数则是最少的。低退学率就证明了他们的积极主动和坚持不懈。

该人格类型的杰出代表是一位二星将军。他的人格发展非常平衡，并具备了三种备受各领域军事专家推崇的优秀品质，其中，不可动摇的精神信念是阿奇博尔德·韦维尔（Archibald Wavell）对军人的第一要求；对行政和后勤的谨慎关注是苏格拉底最重视的；对残酷现实的敏锐感知则是拿破仑的至理名言，拿破仑说："有些人仅仅根据一个细节就能臆想或编造出完整的图景，无论具备多少优秀品质，仅此一点就注定了他们无法指挥军队。"

这三种品质与处于辅助地位的"思维"（T）或"情感"（F）的功能是一致的。那位二星将军最发达的判断功能其实是"情感"（F），但在实际生活中，他却将自己深厚的"情感"（F）隐藏在内心深处，对外表现为尽忠职守和对下属无微不至的关心，并因此获得了大家的爱戴和忠心。

我们在各种各样的工作中都可以发现 ISFJ 型的人展现出的这些优点。我曾遇到过一个工作极其认真的清洁工，他就具有 ISFJ 型的典型特质。他独自一人负责打扫楼道，他那随和开朗的儿子给他帮忙。儿子对他满怀崇拜，说："我父亲真的是一个非常特别的人！"

当然，ISTJ 和 ISFJ 型的人都需要充分发展自己的"思维"（T）或"情感"（F）来保持自我人格的平衡。判断功能会帮助他们应对外部世界，并与负责内部世界的感知功能相互配合。如果判断功能出现问题，他们很可能会彻底忽视外部世界，完全不与他人沟通；他们会遗世独立，沉迷于内部世界的各种感官印象中不可自拔。如此一来，他们的所有特质就没有任何机会表现出来。

人格健全的个体的判断和感知心理功能都是充分发展的，他们的问题是如何在恰当的时间使用恰当的心理功能。与所有判断型的人一样，ISTJ和 ISFJ 型的人也经常在需要使用感知功能的时候错误地使用判断功能，但却很少在需要判断的时候错误地使用感知。那么，到底什么时候不应该使用判断功能呢？答案是：在处理人际关系的时候。

无论什么人格类型，个体对判断功能的正确使用都必须基于自己的具体问题和行动。但如果问题涉及人，那么选择感知功能往往会更加公平、友好，也更加有效。

外倾直觉型：ENTP 和 ENFP

- 对各种可能性非常非常敏感。

- 原创、个性、独立，但也善于感知并理解他人的想法。

- 开拓创新的能力很强，但很难善始善终。

- 生活中充满了接连不断的项目。

- 总能巧妙地化解各种困难。

- 受冲动和激情驱动，而不是凝聚的意志力。

- 会不知疲倦地投入在自己感兴趣的事情上，并导致无法顺利完成其他事情。

- 讨厌例行公事。

- 认为灵感的价值高于一切，处理任何事情都会追随自己的灵感，包括创业、投资、冒险、探索、研究、发明、晋升和立项等。

- 多才多艺、聪明绝顶、随和热情，对任何事物都有自己的想法。

- 在最佳状态下，会展现出极具智慧的洞察力和感染力。

外倾直觉型的人特质多变，因此很难描述。他们的兴趣、热情和能量可能会像洪水一样，突然在某个出人意料的地方喷涌而出、席卷一切。这种强大的力量会扫清一切障碍，犁出一条通路，让他人得以尾随前进。而此时，他们已经把精力投入到其他地方了。

与判断型的人一样，驱动外倾直觉型个体的并不是明确的意志力或目标，其动力源自感知，源自他们对外部世界的直觉印象，这种"直觉"（N）令他们激动不已，因为他们是通过自己独一无二的方式率先"看到"这些可能性的。抛开所有的现实因素不谈，他们会觉得自己肩负着实现这些可能性的伟大使命，并能真切地感受到这些可能性所散发的不可抗拒的吸引力。它们会成为他们的主宰，他们则会为了它们废寝忘食，甚至不遗余力地想法把它们从魔瓶中释放出来，让它们从"可能"变为现实。正如荣格所说："对于他们来说，所有浮现出来的可能性都是强大的驱动力，他们的'直觉'无法对此视而不见，为了实现这些可能性，他们会不惜一切代价。"但是，一旦这些可能性真的实现了，或者大家发现它们正处于实现的边缘，他们就会转而投身到其他事情中去，而别人则会接替他们继续干下去。

很多判断型的人都会认为，直觉型个体这种频繁的兴趣转移太过变化无常，这其实是一种误解。对于这个世界，直觉型的人有一项基本的职责，就是确保人类的灵感不会被浪费。他们也无法保证某个灵感一定会实现，因此只能全身心地投入其中，亲自去验证最终的结果。而一旦知道了结果，他们就会利用这些经验去验证新的可能性。直觉型的人对于自己信奉的原则和那些激动人心的可能性有着近乎固执的忠诚，就像情感型的人忠于自己的价值观、思维型的人忠于自己的逻辑判断那样。

因此，直觉型个体的生活中充斥着接连不断的项目。幸运的话，他们会感受到某个项目对自己的召唤，从而对这个项目保持持续的热情，并开始稳定地发展自己的事业。如果成为作家，他们就会不停地创作不同主题的作品，写作完成后将它们陈列在自己的书架上；如果成为商人，他们就会不断地将自己的生意扩张到新的领域；如果成为销售员，他们就会不停地发展新的客户；如果成为政治家，他们就会不停地参加各类竞选，一步步提高自己的地位；如果成为大学教授，他们就会尝试着不停地接管新生；如果成为心理治疗师，他们就会不断地探索不同患者的内心谜团。

如果直觉型的人无法追随真正的灵感，他们就会感到困顿、无聊，并且极度不满。但他们不会轻易地屈服于任何外部障碍，在"直觉"（N）的帮助下，他们总能找到突破口。

但是，直觉型个体需要警惕两种内在的危险。第一，不能肆意挥霍自己的精力。在这个充满各种可能性的世界上，他们必须选择那些具有内在价值和有助于自我发展的可能性。第二，一旦开始，就要坚持到底。只有坚持到底，他们才可能知道某个想法是否可行，或者某件事情是否要继续。如果一位直觉型女性已经出版了多部优秀的神秘小说，但她突然意识到自己并不想一辈子只写神秘小说，那么她的"放弃"就不算真的放弃；但如果她在写作途中突然停笔，或者草草收尾，那么她就没有善始善终。

在选择和坚持的问题上，直觉型的人都需要发展良好的"思维"（T）或"情感"（F）稳定地发挥作用。这两种起判断作用的心理功能都能帮助他们去评估其灵感，并在枯燥的工作过程中激发出其人格优势，督促其进行严格自律。

判断功能存在缺陷的直觉型个体很难做到有始有终（他们开启的项目数量之多就清楚地证明了这一点），他们不会像发展均衡的直觉型个体那样迎难而上、越挫越勇，他们缺乏稳定性和可靠性，很容易垂头丧气，并且正如他们所承认的，绝不会勉强自己做任何事情。

因此，外倾直觉型的人必须及早培养自己的判断能力。这一类型的孩子特征明显，很容易被识别出来。范·德·霍普说："在生活中，外倾直觉型的孩子常常欢呼雀跃，但又很容易厌倦。他们总是有各种新奇的想法，并会想象出无限的可能性。他们什么都想尝试，什么都想知道……在很小的时候，他们就希望成为与众不同的人。"比如，他们会无视学校对作业的基本要求，而是去做额外的、不一样的事情。但若为了自身的发展着想，无论他们想做的事情多么引人瞩目或出人意料，都不应该凌驾于基本的规则之上。

外倾直觉型孩子往往不服管教，他们从小就懂得如何从别人那里得到自己想要的东西。这种天分是智慧、魅力和理解他人的能力的结合，而他们也因此非常自信。我曾对一个3岁的外倾直觉型孩子说："如果你继续这么做，你妈妈会打你的。"结果他说："不会的，我妈妈根本就不懂这些。"

成年之后，他们依然具有神秘而强大的感知能力。作为老师，他们能够发现学生身上那些难以捉摸的潜力；作为心理治疗师，他们仅仅通过简单的访谈就能够准确地估计出来访者的智力水平；作为管理者，他们知人善任、无可挑剔。

外倾直觉性的人对于目标满怀热情，并且善于理解他人，这两种特质的结合决定了他们具有异常高效的领导才能，他们总是能成功地说服对方，并赢得对方的支持与合作。

外倾直觉思维感知型（ENTP）

ENTP 型比 ENFP 型的人更容易走上管理道路。他们独立自主、善于分析，能够客观公正地对待身边的每一个人。他们经常考虑别人的工作会对自己造成什么影响，而不是自己的工作会对别人造成什么影响。他们可能会成为发明家、科学家、问题解决专家、营销专家，或者任何他们觉得有趣的角色。

外倾直觉情感感知型（ENFP）

ENFP 型比 ENTP 型的人更热情，更关心人，也更善于与人打交道。ENFP 型的人更乐于从事咨询工作，因为咨询往往会涉及新的人、新的问题和新的可能性。他们可能会成为鼓舞人心的老师、科学家、艺术家、广告人、销售员或任何他们愿意扮演的角色。

内倾直觉型：INTJ 和 INFJ

- 受他们内心认识到的可能性的驱动。
- 意志坚定到近乎顽固。
- 有强烈的个人主义倾向，INFJ 型的个人主义相对较弱，因此会更务力地协调个人与环境之间的关系。

- 能够直面并最终巧妙地解决困难。
- 愿意承认完成高难度的任务确实需要一定时间，但终究是可以完成的。
- 更愿意开辟新的道路而不是追随前人的老路。
- 受灵感的驱动，认为灵感的价值高于一切，且能够在自己从事的领域自由地发挥灵感，比如科学、工程、发明、政治、工业发展、社会改革、教育、写作、心理学、哲学或宗教等领域。
- 如果工作只是例行惯例而没有任何发挥灵感的余地，他们就会感到失望。
- 在最佳状态下，能够表现出深刻的洞察力和强大的驱动力。

与所有内倾型个体一样，内倾直觉型个体的外在表现主要受辅助心理功能的影响。例如，在海军军官学校，有两位最杰出的军官都是内倾直觉型。其中一位是以"思维"（T）为辅助心理功能的 INTJ 型人格，他连续三个学期都被任命为大队长，是一位利落高效的管理者。另一位则是以"情感"（F）为辅助心理功能的 INFJ 型人格，他同时担任着学生中的三个最高职务：学生委员会主席、执行委员会主席和班长。在总结两人的差异时，一位非常熟悉他们的女士说，如果他俩的船同时被鱼雷击中，INTJ 型军官肯定会优先处理船体的损伤，而那位 INFJ 型军官则会在第一时间关心是否有人受伤。对于这种说法，两位军官都表示同意。

在科学研究和工程设计领域，内倾直觉型的人往往表现出众。与 INFJ 型相比，INTJ 型的人可能会对科学和技术问题更感兴趣，但如果 INFJ 型的人愿意，他们同样可以在这些领域取得卓越的成就。在学业上，INFJ 型的表现甚至会更胜一筹，因为有"情感"（F）的辅助，他们会更努力地满足老师的要求，而辅助心理功能是"思维"（T）的个体则更可能批判老师的教学方式并拒绝学习那些他们自认为不重要的内容。

作为辅助心理功能，"思维"（T）或"情感"（F）在判断中的作用举足轻重。内倾直觉型的人必须努力培养自己的辅助心理功能，否则的话，他们就会完全听信自己的直觉，并对外界的判断无动于衷。对于他们来说，充分发展判断心理功能并使之与自己偏好的"直觉"（N）感知方式相互平衡是至关重要的。

内倾直觉型个体的天分直接源于他们的"直觉"（N）：他们的灵感总是源源不断，他们能够敏锐地洞察到不同观点的内在联系，他们可以理解各种抽象符号，他们富有想象力和创造力，他们善于利用无意识，他们足智多谋，能够准确地判断出事物的前景。这些都是他们在感知方面具有的内在天分。但如果没有良好的辅助心理功能，他们就很难发展自己的外在人格特质，也很难充分发挥自己的感知天分。而如果有良好的判断功能作为辅助，他们的"直觉"（N）就能落实在具体的结论或行动上，进而也就能影响外部世界的发展。

对于这个问题，范·德·霍普说：

"内倾直觉型的人需要面对一个棘手的问题：他们总是很难找到准确的语言来表达内心感知到的想法。因此，对于这一人格类型的人来说，他们亟需通过教育来学习表达技能……

与其他类型的人相比，内倾直觉型个体的发展往往缓慢而曲折。这一类型的孩子很难被环境影响。他们可能会在某个时期经历彷徨并保持沉默，但之后就突然变得坚定起来。如果遭到反对，他们就会表现出强烈的自我意志并决不妥协。他们的内心活动非常丰富，往往情绪多变，偶尔会显得非常聪明、独具匠心，但很快又会变得沉默寡言、固执傲慢。

成年后，内倾直觉型个体的一个显著特征就是意志坚决但又不善表达。

对于自己想过什么样的生活以及生活的意义应该是什么，他们只有一种模模糊糊的感觉。但即便如此，他们还是会坚决地反抗任何与这种感觉不一致的东西。他们担心自己会在外部环境的影响下走上错误的道路，因此总会按照自己的原则抵抗外部的干扰。"

因此，我们很难强迫内倾直觉型的人去做什么。如果没有得到允许，我们甚至无法"告诉"他们什么。但如果是仅供参考，他们很愿意接受别人提供的事实、观点或理论——他们相信自己有辨别真伪的能力。

内倾直觉思维判断型（INTJ）

在所有的人格类型中，INTJ型的人是最独立的，而他们也对自己的独立性颇感自豪。

无论涉足什么领域，他们都能带来新气象。在商界，他们是天生的组织者，"直觉"（N）赋予了他们不拘一格的想象力，使他们总能看到别人看不到的机遇。而面对外部世界时，他们又能够借助"思维"（T）功能对环境做出准确客观的判断。在他们看来，"任何事情都有改善的空间"。但是，他们往往需要在工作之外梳理自我。他们很难持续地专注在同一件事情上，也无法对已经完成的事情提起兴趣。因此，他们会不断接手新项目，不断地解决更大更难的问题来提升自己的能力。

INTJ型的人往往对科技怀有浓厚的兴趣，并有可能从事科研、发明和机械设计等工作。他们擅长处理数学问题，尤其是应用数学，但对纯粹的数学理论的理解可能不如INTP型。与INTP型的人相对，INTJ型的人更善于思考并解决相对具体的问题。他们的效率很高，但只有高难度的挑战才能激起他们的热情。常规的生产问题根本不需要动用"直觉"（N），而过于纯粹的理论问题又会浪费他们外倾的"思维"（T）能力，他们真正擅长的，就是将头脑中的想法付诸实践，解决现实中的问题。

即便主导和辅助心理功能都得到了充分发展，INTJ 型的人还是容易忽视他人的想法和感觉。在人际交往中，他们习以为常的批判态度往往会导致亲密关系的疏远甚至破裂，进而影响他们的私人生活。要想避免此类问题，INTJ 型的人应该在客观问题和自我问题上保留自己严谨的批判态度，而对待他人，则应该尽可能地采取欣赏（倒也不必称之为"情感"）的态度。

内倾直觉情感判断型（INFJ）

INFJ 型的人天生懂得关心他人，这种特质有时会令他们显得非常"外倾"。事实上，外倾的并不是他们本身，而是他们的"情感"（F）心理功能。因此，表面看来，INFJ 型的核心人格特质似乎是友好与和善。

INFJ 型的个人主义往往表现得不太明显，但这并不意味着他们内心的观点或信念不够明确或强烈，而是因为他们想借助和谐的人际关系赢得（而非要求）他人对自己观点的支持。一旦成功地获得了他人的理解和支持，与他人达成了合作，他们就会不露痕迹地带着自己的目标迅速地融入到集体当中。

INFJ 型的人的创造力似乎比 INTJ 型弱一些。INTJ 型的人往往运用"直觉"（N）去探索科学问题，并且总能提出各种不可思议的想法；而 INFJ 型的人则把自己的"直觉"（N）倾注在人以及与人相关的各种问题上——在人际关系这一问题上，无论多么深刻的见解都会显得缺乏新意，无论多么精准的看法都会显得平淡无奇。

INFJ 型的人关注人类的发展和幸福，他们可能会展现出"世人皆醉我独醒"的智慧，为了社会的进步提出旗帜鲜明的观点，并引发大型的群众游行、宗教运动或群体冲突。

第三部分

人格类型的实际应用

第十章　人格类型的对立性

至此，本书已经完成了对全部 16 种人格类型的描述。相信读者们对某些人格类型的共鸣和认同要明显多于另外一些人格类型。每个人都会更容易认同自己的（或者与自己相似的）人格类型，个体熟悉这些人格类型所具备的价值观以及对事物的看法，自然也会觉得它们是正确的、舒服的。而对于那些与自己迥然不同的人格类型以及它们所代表的特质、优势和价值观等，个体往往就不太容易接受或认同。

每一个人格维度都包含截然相反的两极，如果没有足够的善意，相互对立的人格类型之间就很容易产生激烈的冲突。人格理论基本可以证实，人格类型相反的个体确实比较难以相处，但在理解了彼此差异的原因之后，这种摩擦就会大大减少。

当史密斯意识到琼斯天生就很难认同别人时，他突然觉得琼斯对他的反对听起来没那么刺耳了，她只是习惯从不同的角度看待问题、以不同的方式来处理问题罢了。因此，当琼斯得出与史密斯完全不同的结论时，她并不是在故意跟史密斯作对，根本的原因就是两人的人格类型不同。

要做到和谐相处，史密斯还需要明白：尽管自己有比琼斯强的地方，但同时也有不如琼斯的地方。比如，思维型的人会觉得情感型的人逻辑混乱，并可能因此而轻视对方的判断。思维型的人当然有理由怀疑情感判断的可靠性，因为他们自己的情感往往反复无常，根本派不上用场。因此，思维型的人在做决策时会排除情感的干扰，并默认他人的情感也同样不足为信。但事实上，情感型个体的"情感"是一种非常成熟的决策工具，其作用甚至可能超过思维型个体的"思维"。例如，在判断人们的价值取向时，"情感"往往会比"思维"更准确。

同样，直觉型的人会认为感觉型的人根本不懂得如何追随自己的直觉，并会因此低估对方感知到的信息。他们没有意识到，感觉型的人对现实的观察要比他们敏锐得多。而感觉型的人也会犯同样的错误，他们非常信赖自己的感官能力，并倾向于否认直觉型个体所谓的灵感。感觉型个体的知觉能力往往不太发达，因此也没有什么利用价值。

在理想情况下，人格相互对立的个体是可以通过商务合作或婚姻来实现互补的。面对同样的问题，如果从不同的角度入手，往往就会发现自己之前存在的漏洞。但是，如果彼此的对立之处太多，那么即便双方都很了解彼此的人格特质，也很难愉快地展开合作。最完美的搭档应该在感知偏好或者判断偏好上只存在一处不同，而在其他人格维度上至少有一种偏好是相同的。这时，彼此之间的差异才能发挥出最大的互补作用，而在其他两三个人格维度上的相同偏好则有助于双方的理解和沟通。

当两个人在某个问题上僵持不下时，其原因可能就在于他们的人格差异阻断了彼此的沟通。如果两个人了解到的事实不同，对未来发展的可能性看法不同，或者对结果的预期不同，那么任何一方对于问题的认识就都是片面的。他们应该把一切都摊开来谈。无论自己的各种心理功能发展水平如何，双方都必须充分动用自己的感觉、直觉、思维和情感。感觉可以用来搜集相关信息，直觉可以用来寻找可能的解决方法，思维可以用来分析、判断事情的结果，而情感则可以用来评估事情对相关人群造成的影响。当双方把各自的感知和判断都汇集在一起以后，就很容易找到彼此都能接受的最佳解决方案。

任何人格类型的个体都可能在自己最弱的心理功能上遇到困难。比如，不同人格类型个体的分析能力是不同的，在对某个复杂问题进行长期规划时，这种差异就会明显地体现出来。在分析问题时，个体需要认识到问题所涉及的基本原则，这样才能准确地预期不同行动可能带来的不同后果，包括正面的和负面的后果。因此，思维型的人往往比情感型的人更善于分析，而分析能力最强的，就是以"思维"为主导心理功能且该功能发展得最好的人格类型。思维型的人往往从因果关系的角度来分析问题，他们会考虑到所有可预见的后果，无论是好还是坏。而情感型的人则更关注某种行为能带来什么好处，而不愿意承认其缺陷。

内倾型的人也比外倾型的人更善于分析问题。在处理一个具体的问题时，内倾型的人会把这个问题看作某个坚实的基本原则的例证，他们非常善于识别问题的本质。外倾型的人则会不停地处理大量的问题，他们行动迅速，但却有些漫不经心，往往不会花时间去反思。外倾型的人之所以能够迅速行动，部分原因是他们非常熟悉外部环境。在处理日常事务的过程中，他们会轻松愉悦地吸收各种外部信息。通过与外倾型个体沟通并间接掌握相关的信息，内倾型个体也可以有效地提升自己的分析能力。

如果个体既不是思维型，也不是内倾型，那么，下一个与分析能力息息相关的心理功能就是"直觉"，它是发现各种可能性和潜在关系的强大工具。直觉的反应速度极快，而且常常会带来出人意料的结果。但是，典型的"直觉情感型"（NF）型个体可能会不切实际。在实施项目的过程中，NF型个体应该与发展良好的"感觉思维型"（ST）个体及时沟通项目进展和预期结果，以便及早发现自己疏忽大意的地方。

"外倾感觉情感型"（ESF）个体的"思维"和"直觉"都不发达，同时又有强烈的外倾性，因此他们非常不擅长分析问题。基于各种一手信息和个人经验，他们能够当场处理好具体的、熟悉的问题。他们应该知道自己在做决策时往往会考虑当时的具体情形以及他人的期望。如果与思维型的人一起讨论自己的新计划，ESF型的人就会发现，长远来看，自己的计划违反了哪些基本原则和政策，开创了哪些先例，可能会引发哪些连锁反应等。简而言之，思维型的人会让他们明白，为了当下这个看似不错的选择，他们在未来会付出意想不到的代价。正所谓忠言逆耳利于行，思维型个体的一些建议可能并不中听，但却是值得重视的。

依据相关政策进行决策只是完成任务的第一步。通常，人们还需要向自己的上级、同事和下属传达自己的想法。作为沟通的一种形式，说服他人是外倾型和情感型个体最拿手的本领。外倾型的人喜欢毫不保留地表达自我，因此，他们的同事只需要张开耳朵一直听，就能够了解所有的情况。但内倾型的人往往很少袒露自己的心思，他们很容易高估同事对自己的了解，因此，要想说服同事，内倾型的人往往要花费更多的精力去解释和沟通。

情感型的人表达自我的方式则更加圆融。为了维持和谐的人际关系，他们经常会提前考虑自己的言论对他人造成的可能影响，并且会针对不同的听众随时调整自己的表达方式。因此，与思维型的人相比，情感型个体的提案往往听起来更加顺耳。思维型的人对于因果关系虽然足够重视，但对人际关系却总是漠不关心。所以，当他们不顾及听众的感受，只是一本正经地阐述自己的观点时，经常会遭到意想不到的反对。

当然，谁也不可能去支持一个自己根本不理解的观点。在生活中偏好感知的人往往比偏好判断的人更容易理解他人，因此感知型的人更懂得如何倾听。

金无足赤人无完人，任何人格类型的人都不是完美的。内倾型和思维型的人虽然能通过深思熟虑做出正确的决策，但却不善于说服他人。相反，外倾型和情感型的人虽然善于沟通，却又难以确定正确的沟通内容。

为了实现效率的最大化，任何人格类型的个体都应该在充分发挥自身天分的同时，巧妙地借用与自己对立的人格类型的优势，具体的借用方式可以是通过他人的协助，也可以是发展自己的弱势心理功能。表 10-1 列举的是第一种方式。第二种方式则是人格发展趋于完善的结果。

直觉型的人需要感觉型的人帮助自己：	感觉型的人需要直觉型的人帮助自己：
了解相关的事实	了解新的可能性
依据实际经验去解决问题	巧妙地解决问题
检查合同的各个细节	觉察到变化来临之前的征兆
注意某些重点事项	为未来做好准备
保持耐心	迸发热情
关注重要的细节	警惕新的变化
实事求是地面对问题	积极乐观地面对困难
提醒自己享受当下的快乐	明白未来的快乐是值得追求的
情感型的人需要思维型的人帮助自己：	**思维型的人需要情感型的人帮助自己：**
分析问题	说服他人
组织问题	调解冲突
及时发现错误	预估他人的感受
及时进行改革	激发热情
遵循相关政策	教导他人
权衡法律和证据	销售
在必要的时候解雇员工	推广
坚持自己的立场	欣赏其他的思维型个体

表 10-1 对立人格类型的相互补充

当个体能够自如地控制并使用自己的主导心理功能和辅助心理功能时，他们也就清楚了自己的优势所在并且能熟练地运用这些优势。接下来，他们会进一步掌握与自己的人格偏好相对立的心理功能，并能够在恰当的时候加以运用。随着对不同心理功能的使用技巧不断成熟，个体就能够根据具体的情况来转换自己的应对方式，最终超越自己人格类型和本能的限制。在不同的心理功能之间来回切换并非易事，要做到这一点，个体首先就要认识到自身的本能和自动反应并不总是最有效的。

比如，在与情感型个体进行人际交往时，思维型个体天生偏好的心理功能就不太适用，他们不应该总是用批判的态度看待对方。在决定自己的行为或下结论时，这种批判的态度确实具有宝贵的价值，但情感型的人需要的是和谐的氛围，因此这种批判很容易对他们造成破坏性的影响。

情感型的人非常需要他人的同情和认可。他们渴望别人理解他们的感受、分享他们的情感，或者至少承认这种情感的重要价值。他们希望别人能够认同他们的观点和品位。他们需要从友情中获得温暖和动力，而敌意则会令他们倍感痛苦和心寒。他们讨厌与人分离的感觉，即便是短暂的分离也会令他们难以忍受。

生活中无休无止的责备常常令情感型的人喘不过气。讽刺的是，他们的任何反抗都会令情况变得更糟，辩解、争论和反驳往往会进一步激化对方的敌对情绪。情感型的人把和平、友好当成自己的目标，这使得他们从一开始就迷失了方向。面对批评，有些人偶尔会进行辩解，大部分时候则选择沉默和忍耐。有些人则会全力反驳，或者与思维型个体抗争到底。无论哪种情况，伤害都在所难免。

个体如果能够意识到并且想要避免这些伤害，他就有机会改善自己。情感型的人应该尽量客观地看待他人的指责。一般来说，这些指责只是对方的一种表达方式，并没有任何攻击性和针对性。

思维型的人则可以通过以下三种方法来减少自己的批评对他人造成的伤害。首先，思维型的人应该认识到批评是具有伤害性的，并尽量避免使用批评性用语。其次，在试图纠正他人的错误时，要避免夸大错误的严重性。这一点看似简单，但其实非常重要。为了凸显重点，外倾思维型的人往往会夸大事实，而被批评的一方则会被这些夸大其词的批评激怒，并因此忽视了自己原本正确的部分。最后，思维型的人应该记住情感型的人非常在乎他人的同情和认可，只要给他们一点点同情或者认可，就能够极大地缓和批评带来的紧张气氛。因此，在表达自己的不满之前，思维型的人应该先适当地赞赏一下对方。

无论在工作还是生活中，最后这种方法都非常有用。你可以说："我认为你对琼斯的评价完全是错误的。"你也可以说："我非常理解你为什么会有这种感觉，但你可能有点儿误会琼斯了。"这两种说法是完全不同的。同样，与"贝茨下台是理所当然的，他根本就不应该……"相比，"真遗憾，贝茨离职了。他确实不应该……"听起来会更顺耳些。

在某种程度上，思维型的人是能够理解他人感受的。尽管贝茨的离职在很大程度上是他自身的问题，但他们也明白这种事情终究是不幸的。如果思维型的人愿意，他们完全可以把自己的感受表达出来，这会大大缓和谈话中的紧张气氛。而从人际关系的角度来看，这种做法也是非常值得的。在表达自己的不同看法之前，先适当地安慰一下对方，如此一来，对方就会觉得大家是同一阵营中的伙伴。而情感型的人喜欢与他人保持和谐统一的关系，因此在接下来的交谈中，也会尽可能地认同思维型个体的观点。

通过不断的练习，个体会逐渐熟悉这种方法，并最终使其成为自己的自发行为。思维型的人只要花点心思，在发表异议之前，先真诚地告诉对方自己在某些方面是非常赞同的，然后他们就会惊喜地发现，自己与他人发生争执的概率大大降低了，而自己内心一直被忽视的情感功能也得到了极大的满足。

对于思维型个体来说，适度地跨越自己的人格类型限制而采用自己并不擅长的情感功能并不会违背自己固有的思维偏好。因为情感是为思维服务的，它可以帮助思维型个体去说服他人接受自己的观点和目标。在这个过程中，思维的权威地位并没有受到任何威胁，情感只是暂时扮演代理人的角色而已。

而对于情感型个体来说，偶尔用思维来服务于自己的情感，适度地跨越自己的人格类型限制而采用自己并不擅长的思维功能也并不会违背自己固有的情感偏好。比如，将自己基于情感判断而形成的想法和目的进行逻辑梳理，既有助于他们获得思维型个体的认可，也能够帮助他们预见自己在工作中存在的重大失误并及时改正。如果在努力之后依然无法避免他人的批评，情感型的人此时也可以利用逻辑思维来冷静地分析这些批评意见，并从中获得成长。

无论情感型的人如何努力提高自己的逻辑思维能力，他们永远也无法客观地评估自己在喜欢的事情上将会耗费多大成本。如果向真正的思维型个体咨询，他们往往会受益匪浅，并会因此了解到可能出现的最坏结果。而思维型的人在给出自己的回应前，也应该认真地考虑对方的想法是否有可取之处，这样的话，双方都会有收获。

但是，情感型的人确实应该努力学习如何简明扼要地表达自己的想法。情感型的人往往会喋喋不休地说一些毫不相关的事情，或者反复重复一些无关紧要的细节，这正是思维型的人难以忍受的地方。当双方需要沟通什么事情时，思维型的人希望对方能够简明扼要、直奔主题。一位父亲在谈到自己那个外倾情感型的儿子时说："他的身上根本就没有停止键。"

感觉型和直觉型也是一对相互对立但又可以彼此受益的人格类型。感觉型的人信赖客观事实，而直觉型的人则信赖自己预感到的各种可能性。他们关注的事物不同，因此很少在同一角度上达成共识。当感觉型的人处于权威地位，而直觉型的人又刚好灵感迸发时，两者因视角不同而造成的矛盾就会变得不可调和。直觉型的人往往只是粗略地描述自己的大概想法（如果听众也是直觉型，这种方式是完全没有问题的），并希望自己的感觉型上司能够关注重点而不是拘泥于细枝末节。而作为听众，这位感觉型的上司则会习惯性地认为对方忽略了太多的客观事实，并断定这个想法根本不会奏效。就这样，一个充满创意的想法被埋没了，一位直觉型下属被得罪了，而这位感觉型的上司则不得不耗费更多的精力去应付这位怒气冲冲的下属。

事实上，当两个人格对立的个体相处时，如果任何一方能够对对方表现出足够的尊重，双方就不会出现矛盾。如果知道自己的上司是感觉型，直觉型的人就应该尽量现实一点，通过换位思考想想上司会有什么样的反应并为此做好充分的准备：完善方案的细节，并用上司难以抗拒的方式加以阐述。然后，在确定了对方对于方案的逻辑顺序没有异议后，直觉型的人就可以重点解释一下自己这个新颖的方案究竟能够解决哪些问题。（如果上司是直觉型，那么在汇报方案时就要避免让上司去关注问题本身，以免上司灵机一动提出一个新方案来取代原有的方案。）

在否定对方的想法之前，感觉型的人应该给直觉型的人一个辩解的机会，但这并不等于承认他们的想法具有可行性。作为上司，感觉型的人可以说："如果……这个方案可能还行。"然后再根据自己的经验指出现实条件的种种限制，并问对方："你怎么看待这些问题呢？"而此时，直觉型的下属就会聚精会神地关注上司提出的疑问（而不是恼怒地关注上司本人），尽管要解决这些问题就必须对自己原有的方案进行调整，但直觉型的人还是会很积极地提出很有价值的解决方案。

如此一来，不仅避免了对立人格类型之间的冲突，而且在回应感觉型个体非常现实的质疑的过程中，直觉型个体的方案也得到了进一步的完善。如果直觉型个体能够学会像感觉型个体那样实事求是，他们就能够利用自己的"感觉"能力去审视各种客观事实并提高自己的效率。在必要的时候，直觉型的人可以通过切换人格偏好来更好地实施自己的项目。

对于感觉型个体来说，通过切换自己的人格偏好并学会使用"直觉"，就能够更好地把握未来的目标和机遇。感觉型的人并不是天生的白日梦想家，但偶尔像直觉型的人那样做做白日梦，那么在未来的某一天，当一个异想天开的直觉型个体试图改变一切的时候，他们就可以发挥自己实事求是的本性，坚定地把握好方向。

尽管切换自己固有的人格偏好会带来各种好处，但最能准确预知未来趋势的还是直觉型，最务实的是感觉型，最善于分析的是思维型，而最善于与人打交道的则是情感型。

第十一章　人格类型与婚姻

夫妻双方的人格类型差异往往会导致各种冲突，但如果理解了这种差异的根源，这些冲突就会大大减少甚至完全消除。本章的目的绝不是劝说读者去选择与自己人格类型相似的伴侣，而是要让大家明白，如果伴侣的人格类型与自己刚好对立，那么我们就需要努力认可对方的不同之处，并且充分尊重对方保持其人格特质的权利。除此之外，我们还应该积极地关注伴侣的人格优势，而不是紧盯着对方的缺点不放。

人格类型对恋爱和婚姻关系的影响一直是个充满争议的话题。常言道，物以类聚，人以群分。一般来说，性格相似的人更容易彼此理解，也就更容易彼此吸引和尊重。在 20 世纪 40 年代，我们调查了 375 对夫妻的人格类型，发现大部分夫妻在三个人格维度上的偏好都是一致的，而我们预期的随机水平应该只有两个。

另一方面，荣格则是这样评价外倾型和内倾型个体的："尽管这两种人格类型的个体往往相互诋毁、冲突不断，但事实上，很多男性最终都娶了与自己的人格类型对立的女性。"瑞士的婚姻咨询师普拉特纳（Plattner）曾在 1950 年写道，大部分婚姻都是内倾型与外倾型的结合。另外两位荣格分析心理学家格雷（Gray）和维尔怀特（Wheelwright）也在 1944 年提出了"婚姻互补理论"。

这些说法之间的矛盾是显而易见的。事实上，不同的研究者都只是根据自己的生活所见而得出了各自的结论，而他们所接触的，不外乎就是存在各种婚姻问题或心理障碍的来访者。荣格还评论说："当然，作为分析心理学家，我们需要处理大量的婚姻问题，尤其是那些因为人格差异太大而完全无法相互理解的夫妻所遇到的问题。"如果真如这些分析心理学家所言，婚姻问题的根源在于夫妻双方的人格类型差异过大，那么我们就可以预期，大部分前来咨询婚姻问题的夫妻的人格类型都是相互对立的，而在幸福的婚姻中，夫妻双方往往存在更多的人格相似性。也就是说，如果夫妻双方在两到三个人格维度上的偏好都是一样的，他们的婚姻就更容易成功，而进行婚姻咨询的概率也就更低。

我们调查了 375 对夫妻，结果发现，在任何一个人格维度上，与夫妻双方的差异性相比，他们的相似性都更高。相似性最高的维度是"感觉－直觉"（SN），也就是说，与"外倾－内倾"（EI）、"思维－情感"（TF）和"判断－感知"（JP）等人格维度相比，在感知维度上偏好相似的夫妻更能够理解彼此。

375 对夫妻在不同人格维度上偏好相似性的分布比率如下：

在四个维度上偏好相似	9%
在三个维度上偏好相似	35%
在两个维度上偏好相似	33%
在一个维度上偏好相似	19%
在任何维度上都没有相似性	4%

在该样本中，人格类型基本相似的夫妻数量是人格类型基本对立的夫妻数量的两倍。其中，在四个人格维度上的偏好都相似的夫妻大多属于情感型，在选择伴侣时，情感型的人会把和谐性作为重要的标准。而在所有人格维度上的偏好都截然相反的夫妻中，几乎所有的丈夫都是思维型。

结婚以后，很多夫妻都会发现两人的相似之处要比预期少得多。在这一点上，外倾型的男性要比内倾型的男性更有优势。他们往往更了解认识的人，也更善于交际，他们认识的女性更多，可选的范围也更大，他们很清楚自己想要一个怎样的伴侣。这也解释了为什么高达 53% 的外倾型男性选择的妻子都与自己极其相似（夫妻双方至少在三个人格维度上的偏好都是一致的），而在内倾型男性中，这一比例只有 39%。

对于不同人格类型的个体来说，某一种人格维度的偏好会在多大程度上影响到自己对婚姻的选择是不能一概而论的。对外表现为情感型的"情感判断型"（FJ）男性最关注彼此在"外倾－内倾"（EI）维度上的相似性。FJ 型的人往往最有同情心也最重视人际和谐，因此在求婚之前，FJ 型的人会认真考虑对方在娱乐、休闲和社交方面是否与自己有类似的偏好，他们甚至希望伴侣的所有兴趣、爱好都与自己一模一样。在 20 世纪 40 年代的一项研究中，我们就发现如果丈夫是"情感判断型"（FJ），那么夫妻双方在"外倾－内倾"（EI）维度上具有相似偏好的比率为 65%，而在其他所有人格类型的夫妻中，这一比率仅为 51%。

"内倾思维型"男性最有可能迎娶在"外倾－内倾"（EI）维度上与自己具有不同偏好的女性。而他们之所以会如此，很可能是因为过于害羞。也许每当一个"内倾思维型"男性主动地选择一个安静的内倾型女性作为伴侣时，就会有另一个"内倾思维型"男性被动地接受了某个开朗的外倾型女性的追求。凭借强大的交际能力，外倾型女性可以轻易地跨越彼此之间的障碍，但内倾型男性却总是不知所措。

无论夫妻双方谁是外倾型谁是内倾型，两人在社交性上的差异都会引发各种矛盾。外倾的人往往热衷于参加各种社交活动，而内倾的人则希望保留自己的空间，因此冲突是在所难免的。而如果内倾的一方从事的工作包含大量的社交活动，夫妻之间发生冲突的概率就会大大增加。白天的社交性工作会令内倾型的人将自己为数不多的外倾性消耗殆尽，晚上回家后，他们亟需在某种安静平和的环境中恢复身心平衡。此时，如果外倾型伴侣想要外出活动或者邀请朋友来家里聚会，或者坚持要与疲惫不堪的伴侣促膝长谈，矛盾就会出现。内倾的一方需要安静地思考，并且希望伴侣能够配合自己，但他们往往很难向外倾型伴侣解释清楚为什么自己需要安静，而如果没有合理的解释，外倾的一方就根本无法理解自己的伴侣为什么要如此自闭。但是，一旦双方理解了彼此对安静或者社交的需求，他们通常就会做出必要的调整，所谓的矛盾也就烟消云散了。

夫妻双方在"思维－情感"（TF）维度上的相似性是很难保证的，因为在我们的文化中，情感型女性总是比男性多，而思维型男性则比女性更多，尽管这种性别差异有逐渐减弱的趋势，但毕竟还是存在的。在20世纪40年代的那个研究样本中，情感型男性就少于情感型女性，而思维型女性则少于思维型男性。夫妻双方在"思维－情感"（TF）维度上具有相似偏好的比率最多也不会超过78%。

但是，如果丈夫属于外倾型，那么，他们在"思维－情感"（TF）维度上与妻子具有相似偏好的比率则为62%；而如果丈夫属于内倾型，这一比率就会降至49%。如果夫妻双方都是外倾型，他们在"思维－情感"（TF）维度上具有相似偏好的比率将提升至66%，与78%的相似性上限相比，这一比率已经相当高了。

之所以会出现这种情况，可能是因为外倾型的人比内倾型的人更容易发现"思维－情感"（TF）偏好对亲密关系的影响。外倾型的人通常会有话直说，如果他们直率的批评伤害了情感型伴侣的感情，情感型伴侣就会反复抱怨自己受到的伤害，如此一来，双方的关系就可能破裂，彼此就会去寻找新的伴侣。

"判断－感知"（JP）维度上的相似性一般只会对以下三种外倾型个体的婚姻选择产生影响：65%的"外倾直觉思维感知型"（ENTP）和"外倾直觉情感感知型"（ENFP）男性会选择同样偏好"感知"的女性；93%的"外倾感觉思维判断型"（ESTJ）男性会选择同样偏好"判断"的女性。而在其他人格类型中，只有52%的夫妻在"判断－感知"（JP）维度上的偏好是相似的。在婚姻中，如果夫妻双方分别属于"判断型"（J）和"感知型"（P），那么必要的时候，就可以由喜欢判断的一方来做决定，这样，偏好"判断"的一方可以享受判断的快乐，而偏好"感知"的一方也可以尽情地享受感知的快乐。

对于任何人格类型的夫妻来说，双方在"感觉－直觉"（SN）维度上的相似性都是非常重要的。在具有相似的"感觉－直觉"（SN）偏好的夫妻中，71%的妻子都属于思维型。显然，信赖逻辑的人更倾向于选择逻辑性强的伴侣。

总体来说，与内倾型男性相比，外倾型男性的交际范围更广，也更容易找到与自己高度相似的伴侣。在四个人格维度上，外倾型男性与伴侣具有相似偏好的比率都处于58%～66%。而内倾型男性只在"感觉－直觉"（SN）维度上与伴侣达到了62%的相似比率，在其他三个人格维度上，他们与伴侣具有相似偏好的比率则处于49%～52%。

通过对375对夫妻进行调查研究，我们只能得出一些探索性的结论。在这一研究中，被试基本都是大学毕业，或者是孩子在读大学。他们都是自愿参加研究，年龄在17～85岁，大部分被试都是在1910年～1950年结婚的。绝大多数被试都是在婚后进行MBTI人格测试的，只有少数特别年轻的被试的人格测验是在婚前完成的。

在该样本中，大部分夫妻之间都没有明显的情感危机，他们在各个人格维度上的相似性显著地多于差异性。这一发现与很多心理治疗师和婚姻咨询师的观点是截然相反的，根据他们的观察，夫妻双方在人格类型上的差异往往多于相似。而相似性，恰恰是幸福婚姻的必备要素。

相似的人格偏好能够使人际关系简单化。人们总是更容易理解与自己相似而非不同的人，因此人格类型上的相似性就为理解彼此提供了捷径。

当人们对一个与自己相似的人表示理解和欣赏时，他们其实也是在认同自己身上的优秀品质，在生活中，这些品质总是会令他们感到舒适而高效。当然，如果人们能够学会欣赏与自己截然不同的人，收获往往会更大。

如果夫妻双方都愿意努力理解、欣赏并尊重彼此，那么，即使双方只在一个人格维度上具有相似偏好，也能够拥有幸福的婚姻生活（这点我可以证明）。他们不会将彼此的差异看作缺陷，而是把它看作人性多样化的表现，而这种多样性无疑会丰富彼此的生活。一位年轻的"内倾感觉思维判断型"（ISTJ）丈夫是这样评价自己的"外倾直觉情感感知型"（ENFP）妻子的："如果她跟我一样，生活就太无聊啦！"

理解、欣赏与尊重是营造幸福婚姻的秘诀。相比之下，彼此的人格是否相似就不那么重要了。如果没有这三点，那么爱情即便降临也很难持久；而如果做到了这三点，男女双方就会越来越珍惜彼此并想要令彼此的生活更加美好。他们重视对方，同时也能够感受到对方对自己的重视。每个人都会因为另一半的存在而获得更开阔的视野。

当然，任何婚姻都不可能完美无瑕，伴侣也常常有自己的毛病和缺陷，而这些缺陷之处很可能就是另外一方的优势所在。一位"情感型"丈夫可能会非常佩服自己的"思维型"妻子，佩服妻子总能在危机面前保持镇静，泰山压顶而面不改色。"思维型"的人往往不会对小事大惊小怪，他们会思考什么应该做什么不该做。"思维型"的人很容易对"情感型"的人一见倾心，他们内心那近乎干涸的情感会因为对方的温柔体贴而焕发生机。但是，"情感型"的人很少会三思而后行，在开口或行动之前，他们根本不会考虑这么做是否合理。再优秀的特质也会有一定的副作用，如果不能理解背后的原因，就很容易被这些副作用惹恼。但是，与优秀特质的积极功能相比，这点儿副作用还是无伤大雅的。小时候，我经常听到邻居抱怨她的丈夫。有一天我母亲问她："你到底希望他改掉什么？"邻居想了很久才回答："嗯，他脸上有一道很深的疤痕，我倒无所谓，但他还挺在意的。"

在婚姻中，我们应该懂得欣赏彼此的优点并将自己的欣赏明确地表达出来，这种表达不一定要非常肉麻，但却是至关重要的。有些人的表达方式非常含蓄，并总以为对方已经明白了，但其实他们应该再直白一点。如果大的方面不好开口，也可以从小的地方入手，比如说："我喜欢你笑起来的样子。""我们的房间真美，这都是你的功劳。""你的建议是这次会议最棒的收获。""你真的太会为别人着想了。"如果你这么说，对方一定会牢牢记在心里的。

即便是彼此相爱的夫妻，也可能会莫名其妙地爆发冲突。每个人都有自己的人格阴影区，所谓当局者迷旁观者清，阴影区失控的时候自己虽然意识不到，但伴侣却看得一清二楚。如果夫妻之间能够理解并包容彼此的阴影区，那么偶尔爆发的冲突就不会对婚姻造成严重的影响。

荣格认为，个体在人格阴影区失控时表现出的行为并不等于个体本身的行为。显然，如果作为命令，人们是很难接受并服从的。但在婚姻中，这一点却非常重要。如果对伴侣在阴影区失控时出现的表面行为信以为真，那么自己不仅会深受伤害，还会心生愤怒，而这种愤怒极可能会激活自己的人格阴影区，并对两人的关系产生致命的影响，导致双方不停地相互指责。事实上，这种指责并不是夫妻之间的斗争，而是双方在人格阴影区的斗争。

如果夫妻双方都是情感型，那么，这种逐渐升级的冲突就会造成极其严重的后果：人格阴影区的突然失控会彻底颠覆情感型个体珍视的和谐关系。如果双方能够明白究竟发生了什么，这种冲突对婚姻的影响就会大大降低。也就是说，当一方失控时，另一方要认识到这并不是伴侣原本的样子，并遵循荣格的建议不去当真。个体的人格阴影区往往会在无意识中突然爆发，并且很难被阻止，因为谁也无法预料自己什么时候会失控。但是，如果个体能够捕捉到内心深处阴影区躁动的征兆，或者从伴侣的眼神中觉察到自己的异常，那么就可以及时补救并向伴侣道歉："那不是本来的我，对不起。"

如果夫妻一方是情感型，另一方是思维型，那么以下几个误区就需要警惕了。情感型的人要避免夸夸其谈——面对思维型的人，很多人一不留神就会喋喋不休地讲太多；而思维型的人则要避免过于冷漠——他们会认为，既然选择了结婚，就已经证明了自己对伴侣的重视，而日常生活中的点点滴滴，也已经包含了自己对伴侣的关心，因此，任何表达爱意的言行在他们看来都是多此一举的。

例如，一位"直觉思维感知型"（NTP）妻子工作非常忙碌，但她每天都会很细心地打电话告诉家人她要晚点才能回去，并且详细地询问家里的大小事务，看看是否需要她来解决。终于，她那"外倾直觉情感感知型"（ENFP）丈夫转移了话题并问道："难道你就不能说你爱我们吗？"妻子觉得非常诧异，她没想到丈夫竟然想听这句话。她当然爱他们啊！否则的话，谁会整天关心这些琐事呢？她的丈夫当然可以想到这一点，但作为一个情感型的人，他不想去推测，他只想听妻子亲口说出来。

情感型个体的情感是需要滋养的，但思维型的人往往更关注因果而非情感。为了避免错误，思维型的人会预先分析不同的行为可能带来的不同后果，这种谨慎的做法确实很有效果。此外，对于已经出现的问题，他们也会认真反思原因以避免再次出现同样的错误。如果原因在于自己，他们就会及时改正自己的错误并因此取得进步。而如果问题出在情感型伴侣身上，那么，思维型的人试图通过批评对方并督促其改正错误的做法很可能会适得其反。作为情感型的人，犯错的伴侣可能会极力为自己辩解，而这种无理的反应远不是思维型的人能够容忍的。如此一来，不仅没有解决问题，还致使双方都元气大伤。思维型的一方倍感失望，而情感型的一方则深受伤害。

在"思维型＋情感型"婚姻中，如果思维型的一方真的想改变自己的情感型伴侣，就不能简单粗暴地批评对方，而是要尽可能地向对方表达自己的需求和喜好。如此一来，情感型伴侣就有了改变自己的动机，并会很开心地朝着伴侣喜欢的方向努力。对于情感型的人来说，"爱人喜欢我这样做"的想法往往会极大地满足他们的情感需求，而相比之下，"我要是不这么做，爱人就会不高兴"的想法则对他们没什么作用。前者是对正确行为的赞扬，而后者则是对错误行为的责备。事实上，在任何类型的婚姻中，赞扬都比责备更有效。赞扬并不包含任何强制要求，它只是对某种行为的呼吁和向往，而这种行为，往往是伴侣有能力做到的。

很多思维型的人在表达不满的时候并没有期待改正，他们只是在持续不断的思考过程中随口将自己的某个想法说出来而已。即便思维型的人意识到了自己过于苛刻，并尽量在工作和社交中克制自己批评他人的冲动，但一回到家里，他们（尤其是思维判断型）就会觉得自己有权利抛开这些束缚和压力，并开始坚决、生动且夸张地大肆批评一切自己看不惯的事物。他们肆意批评情感型伴侣的朋友、亲戚、宗教信仰、政治立场，他们觉得伴侣对于任何事物的看法都有问题，他们甚至会指责伴侣讲的某个笑话。而事实上，这些夸张的指责并不是发自内心的。但他们的情感型伴侣还是会被这些不恰当的苛责所激怒，并忍不住为自己辩解。而这种时候，他们最好能克制住自己的冲动。

为了家庭的和睦，情感型的人必须学会巧妙地应对思维型伴侣的"随口指责"。这种"随口指责"并不针对某个需要改正的错误，仅仅是思维型的人在表达自己的负面想法而已。比如，"我真不明白你怎么能忍受琼斯那个蠢货"就属于"随口指责"。情感型的人需要学会允许自己的思维型伴侣自由地表达他们的负面想法，而不要急于去反驳他们。对于思维型的人来说，这种发泄也是一种精神享受。

对于上面这个例子，情感型的一方完全不必向思维型伴侣解释琼斯其实并不蠢，但也没有必要表示赞成。情感型的一方可以对伴侣的批评微微一笑，表示尊重对方发表自己观点的权利，而思维型的一方也可以继续开玩笑说："但是琼斯偶尔也提出过不错的点子呢！"以此表示对伴侣情感的尊重，并轻松地将这个话题一带而过。

有时候，思维型的人也许会对自己的情感型伴侣提出非常尖锐的批评，并把对方逼到绝境。但这并不意味着情感型伴侣就此走向了世界末日，事实上，出现这种情况可能有两种原因。首先是双方沟通不畅，思维型的人并没有准确地表达出自己的本意，也没有考虑到伴侣听到这些话时可能产生的糟糕感受。而更可能的原因则是，思维型一方的人格阴影区失控，因此，与伴侣发生激烈冲突的其实并不是那个与其朝夕相处的爱人。

在任何婚姻中，夫妻双方的人格类型差异都可能导致完全对立的观点和冲突。面对这种冲突，双方都可以做出不同选择。要么，一方或双方都认为对方的不同是一种错误并为此愤愤不平，不停地责备对方；要么，就认为自己的不同是一种错误，并为此沮丧自责。又或者，夫妻双方都认为彼此的差异是合理的、有趣的，并为此感到开心。由于彼此的人格类型不同，他们的开心也许会有不同的表现，无论是含蓄还是高调、热情还是冷淡，这种开心都会极大地缓解双方的冲突，并在维护彼此的尊严和婚姻的稳定上发挥重要作用。

第十二章　人格类型与早期学习

个体的人格类型与其早期的学习密切相关，最明显的例子就是在学术领域，很多直觉型的人往往表现得游刃有余。正如我们在本书第三章的人格类型表中所展示的，在接受高等教育的人群中，直觉型的比率是最高的。

在学习方面，直觉型的人不仅能力突出，而且兴趣浓厚，这一现象也是研究学习机制的一个有趣线索。为什么直觉型的孩子更善于学习也更喜欢学习呢？同样的方法是否也适用于其他人格类型的孩子？

按照拉丁语的字面解释，"直觉"（intuition）就是直接向内审视。而作为人格类型理论中的一个术语，"直觉"是指个体对自我无意识心理活动结果的感知。众所周知，"感觉"面向的是客观存在的物质世界，而"直觉"面向的则是自我的无意识，我们对事物的洞察就源于无意识。

任何孩子都会在无意识的驱使下迅速地完成某些心理活动。在谈话、倾听或书写的过程中，个体经常会无意识地将符号转化为意义，或者将意义转化为符号。除此之外，个体从大脑中提取各种信息往往也是无意识的。我们都有过大脑突然空白一片，看见熟人却怎么也想不起来其名字的经历，这就是我们的意识与无意识之间的信息交换突然中断造成的。很快，当故障解除以后，我们的记忆提取就会恢复正常，熟人的名字自然也就叫得出来了。

个体对无意识的运用往往带有一定的创造性。当孩子问自己"为什么"或者"怎么办"的时候，他们面临的其实是某种在意识层面完全未知的事物，此时他们就必须借助自己的无意识，对大脑中已有的信息进行重新组合并找出合适的答案。孩子的疑问是由他们的直觉引发的，这些疑问有时是为了寻找事物的关系、解释和可能性，有时则是为感觉、情感或思维服务的。但无论是什么样的疑问，直觉都能够敏锐地捕捉到无意识给出的答案。

符号、记忆，以及我们对于事物的洞察是否可靠，都取决于我们储存在无意识中的信息是否准确。孩子的无意识能够吸收以下三类信息：未经储存的新信息，或者已经储存过但需要与其他信息进行关联的信息；可以升华为基本原则的新见解，根据这些原则，个体可以在存储新信息的同时对其进行分类，并将所有的信息归纳部署在统一的意义框架内；需要参考大脑中所有的相关信息和见解才能给出答案的特定问题。

任何吸引（或者强占）孩子注意力的新信息都能够为无意识所用，但这些信息并不见得永久有效。要想学到新的事实或观点，要想让学到的东西永久地保留在大脑中，孩子必须付出足够多的精力才行。有些事情只需体验一次就能够牢牢记住，比如蜜蜂会蜇人；而大部分知识却需要反复强化才能获得，比如，我们要通过死记硬背来学习新的知识点，或者要反复阅读上下文，才能理解某个新单词的意思。

一个孩子需要花费多少精力才能掌握要学习的内容取决于他们储存在无意识中的信息量的多少。在学习某个知识点时，如果孩子的无意识中完全没有与之相关的背景信息能够帮助他理解眼前的内容，那么，这个知识点就只是一条孤立、随机的信息，很难被理解和记忆，也很难引起孩子的兴趣，如此一来，孩子必须耗费巨大的精力才可能掌握这个知识点。反之，如果孩子的无意识中已经储存了与之相关的信息，那么，孩子只需稍加注意就能够透彻地理解并永久地记住这一新知识，而如果它又恰好非常奇特有趣，那么，孩子不费吹灰之力就能够完全掌握。

对于基本原则的洞察可能源于外部环境，也可能源于孩子的无意识。年幼的孩子往往缺乏足够的信息储备来形成基本原则并供自己的无意识使用。因此，要想提高孩子的学习速度，我们就必须从外着手，帮助他们掌握相关的基本原则。

孩子获得帮助的时间越早，效果就越好。尽管在刚出生时，孩子处理信息的能力非常有限，但到两三岁时，他们就已经具备了相当多的技能来促进自我智力的发展。有些三岁的孩子可能已经有了探索未知事物的强烈欲望和基本模式，而有些孩子则可能习惯了生活中充斥着难以理解的事物，并毫无探索的兴趣。

大部分认知心理学家都认为，孩子在童年早期所接受的信息是非常重要的。认知生理心理学家赫布（Hebb）在 1949 年区分了两种截然不同的学习过程，即初级学习和后期学习。其中，初级学习是个体自发地建立自动中央处理机制的过程，这也是个体思维与智力发展的基础，而后期学习则是在自动中央处理机制的基础之上展开的学习活动。1936 年，皮亚杰（Piaget）仔细观察了儿童的智力发展过程，他认为儿童的兴趣就像池塘中的水波一样四处扩展，他们见到、听到的东西越多，就越有兴趣去听、去看更多的东西。布鲁纳（Bruner）的研究几乎涉及了教育问题的方方面面，他在 1960 年的一项研究中便介绍了新生的婴儿是如何将各种相关的感知信息联系在一起的。亨特（Hunt）在 1961 年提出，学习也可以像体育运动一样引人入胜，他在强调出生后的头几年对个体发展的重要性时说："从孩子出生开始，我们就应该努力激起并维持他们对于学习的兴趣。"

我们来看看孩子在出生以后会经历什么。在最初的几天，婴儿接触到的都是孤立的、毫无联系的感官印象，因此，婴儿在无意识中产生的第一个疑问就是：这些不断涌现的、乱七八糟的信息都是什么意思？如果无意识回答："好像是新的东西在不断出现。"那么，婴儿洞察到的这一信息就会立刻在他的意识和无意识层面发挥作用。婴儿在获得了这一无意识的技能后，就会基于这一最初的原则来组织自己接收到的各种信息。新的感官信息会基于各不相同的"不断出现的新东西"进行组合。某种事物的外观（从不同的角度）开始与它的触感、味道和声音联系起来，各种各样的孤立的信息开始被储存起来，作为未来洞察其他事物的素材。从婴儿的意识角度来看，洞察到"某些东西"的存在打破了他们对周围环境的混乱感，使他们的思考开始具体化。他们不再困惑于"这些都是什么"，而是开始询问"那个东西是什么"，而后者是更有趣也更值得关注的问题。

这就是婴儿认识事物和人的开端。如果在婴儿周围有他们能够看到并抓到的容易辨别的东西，或者是大到足以吸引他们注意的东西，那么他们就会更快地学会认人识物。对于婴儿来说，纯色的物体比五颜六色的物体更易于辨别，因为纯色物体的形状更容易从环境中凸显出来。同样，运动也会使物体从环境中凸显出来，同时还会带来一定的趣味性和戏剧性，因此，婴儿总是对那些消失又出现的东西乐此不疲。

父母往往会低估婴儿认识一个人的难度。只有在印度，母亲经常把孩子背在身后，所以他们一开始看人的视角就是正常垂直的。但在其他地方，婴儿一般都躺在摇篮里，因此他们看见的人都是水平的。平躺的时候，婴儿看到的是水平的妈妈向自己弯下身体；侧躺的时候，他们看到的是水平的人在垂直的地面上上上下下（读者可以将自己的头倾斜 90 度来模拟一下这种感受）。直到婴儿可以自己坐起来，他们才能真正地以正常的视角来观察这个世界。他们在之前六七个月的时间里形成的对家人和环境的认知全都是错误的。

只需稍加注意，家长就可以让孩子尽早正确地认识世界。在给孩子换尿布、洗澡、穿衣服时，家长可以将孩子立起来，这样他们就可以看到父母是站立的。在孩子打嗝时，家长也可以抱着孩子照照镜子，让他们看到自己趴在父母肩上的样子。当孩子稍微长大，可以将头抬起来时，家长可以让孩子趴着看看周围的事物，这时候，他们就会看到身边的人都是直立行走的。让孩子坐着的效果也一样，他们会看到周围发生的一切，并会将这些印象永久地保留在自己的记忆中。

在对新信息进行组织归纳时，婴儿的无意识还会洞察到："一些事情会按照特定的顺序一起发生。"在我们家，一个婴儿在出生两周后就会明白，当有人用毛毯把他舒舒服服地包裹起来时，就表示有人要来喂奶了。因此，一旦有毛毯出现在身边，他就会停止哭闹并会张开嘴巴准备吃奶。当婴儿意识到一些事情会按照特定的顺序一起发生时，他们就会将重要的顺序记下来，因为他们知道这些事情是会重复出现的。这些重复发生的事情会让他们进一步洞察到事物可以分为会动的和不会动的。在意识层面，婴儿就会开始思考自己能否影响事物发生的顺序："如果我……那么会发生什么？"当一个婴儿第十次把他的拨浪鼓扔到床外，他可能就是想看看会不会有人把它捡起来，或者是想验证一下拨浪鼓是否会像自己想的那样掉到地上，而如果事实确实如此，他就会非常高兴。

婴儿的理性期望和目的性行为就是从这时开始的。婴儿在这一阶段的发展速度取决于他们能够掌控的事物的多样性和趣味性，而这又进一步取决于他们能够接触到的事物的多样性和趣味性。任何与婴儿的能力相匹配的事物都是有趣的，比如摇起来会咚咚响的拨浪鼓，捏起来会唧唧叫的橡胶玩具，挤压时会膨胀的充气玩具，以及会变形、会出声的玩具，而最棒的就是一拉就亮的发光玩具。

接触这些玩具不仅会让婴儿明白不同事物的不同反应，还有助于他们形成一种伴随终生的重要信念：探索事物是非常有趣的。

在开始使用语言之前，个体探索的主要是物质性刺激，按照皮亚杰的说法，此时个体处于感知运动阶段。因为还无法直接进行交流，所以个体在无意识中已经形成的新想法和新见解暂时都只能局限在形象或感官印象的层面。

当孩子意识到"词语具有意义"的时候,他们的语言发展就会突飞猛进。外部对话促进了交流,孩子的提问和父母的回答、故事、解释都大大拓展了孩子的体验范围。而内部对话使孩子开始自言自语,使他们能够向无意识传达自己的思考和问题,而这种语言表达的精确程度远高于之前的形象思维。

马娅·派因斯(Maya Pines)在 1966 年进行了一个试验,她以 1 岁 ~2.5 岁的孩子为被试,让他们在红色的帽子下面寻找糖果。学会了"红色"这个单词的孩子更容易找到糖果,总体上看,他们的速度要比没有学会"红色"的孩子快三分之二。在知道了物体的名称后,孩子就更能把注意力集中在相关的细节上。在另外一个试验中,一开始孩子们无法从众多蝴蝶中选出具有相似图案的两只,直到他们学会了如何描述"斑点""花纹"等。因此,孩子每学会一个单词,他们的意识可聚焦的领域就会扩大一点,而他们思考事物的能力,他们观察、比较、归纳和记忆的能力也都会得到相应的提高。新的词汇还会提高他们的学习速度,即便在不需要语言表达的学习任务上也是如此。当孩子的语言开始发展,其他与语言相关的能力也就随之快速发展起来了。

从出生开始,直觉型孩子就比感觉型孩子更关注自己的无意识。因此,直觉型孩子也更关注词汇的意义和周围人的用词。任何孩子对词汇的理解和使用都与他们投入在词汇上的注意力成正比,因此,要想获得与直觉型孩子相同的语言发展速度,感觉型孩子就要在语言上投入相同的精力。要做到这一点,感觉型孩子的家长就必须尽可能使用有趣、具体、生动的词汇,并且将这些词汇与具体的物品、体验或活动联系起来,有效地刺激到孩子的感官,引起他们的兴趣。

在理解单词的发音之前,孩子首先学会的是单词的音调。如果某种声音听起来一点儿都不好玩,那还听它干什么?当对方的话听起来似乎与眼前的东西有关时，孩子就会想弄个明白。这时候，词汇就变得至关重要了。有的词是描述物品的，有的词是描述动作的，有的词是表达态度的，有的词是表示关系的，孩子能够想到的任何词汇都会帮助他们确认眼前的事实，使得这些事实能够进入自己的心理活动中。

一旦学会了交流，孩子就不必再靠自己的摸索去洞察世界了，他们可以通过别人的转述和展示来理解生活并获得经验。比如：

■ 每个人都有自己的愿望和需求。这些愿望和需求是值得被尊重的，人们不应该干涉他人的计划，也不能侵占他人的财物。这就是人权概念的启蒙。

■ 任何事物都有其用途。炉子是用来煮饭的，床是用来睡觉的，书是用来读的，花是用来观赏的，不同的事物以不同的方式服务于人们的不同愿望和需求。这就是基于用途的价值观念的启蒙。

■ 事物并不是无中生有的。人们需要栽种、饲养，需要从海里捕捞或者从地下挖掘，才能获得需要的东西。这就是"人类文明起源于劳动"的观念的启蒙。

■ 任何事物都有其价格。当人们需要自己无法制作或者不会制作的东西时，他们可以支付相应的报酬从别人那里获得。要获得支付报酬的能力（也就是金钱），就必须做一些对他人有用且能够获得他人报酬的事情。这就是"交易"以及作为交易媒介的"金钱"概念的启蒙。

■ 人们工作的方式多种多样。人们通过劳动获得原材料，并利用原材料制造出各种各样的物品。我们熟悉的每一件生活用品都是人们的工作成果。

如果靠自己领悟，孩子可能需要很长的时间才能悟出这些道理，但通过大人的解释，他们就能很容易明白。而一旦明白了这些道理，他们就会在脑海中生成一幅关于人类世界的图景，在这个世界中，人们不断地劳动，不断地制造各种有用的东西。不过，要想真正地理解人类世界，孩子还需要进一步理解事物背后的原理。

帮助孩子理解世界的其中一种方法就是向他们展示人们用来制造物品的原材料，比如石头、泥土、木材、金属、玻璃、棉花和皮革等。不仅要告诉孩子这些东西是用来做什么的，还要告诉他们为什么要这么做。石头很坚硬，所以能够轻松地将泥土和木材支撑起来；金属具有延展性，所以能够打造成锋利的刀刃；玻璃是透明的；棉花的纤维经过纺织后会变得柔韧；皮革结实又富有弹性，这些都是很有趣的现象。这些知识汇集起来，会令孩子认识到大千世界中各种事物的不同特性，并且学会按照不同的类别对事物进行分类和描述。

认识到不同原材料的外显特质只是了解物质变化原理的第一步。例如，不同物质在高温条件下的变化是非常不同的。经过高温灼烧的泥土会变得坚硬且防水防火。金属加热后会先变红，然后白炽化，最后熔化成液体；而当金属冷却后又会变硬，会按照需要在不同的模具中形成不同的形状。而有机的植物和动物经过焚烧则会消失。（虽然皮亚杰认为孩子很难理解不可逆的反应，但重要的是让孩子明白毁灭是不可恢复的）。

在了解了原材料的各种有趣变化后，接下来就可以带孩子去认识这些原材料是如何被制造成有用的物品的。在原始的制造方法中，这些步骤是最清楚的。让孩子设想自己在打铁，首先要用风箱鼓风，然后用夹子将烧红的铁块夹起来，用锤子敲打成猎刀的形状，这样他们就会记住这些步骤和原理。

对机械原理的理解也可以从最古老的机械装置入手。每一种机械装置都使得人们得以完成原本靠人力难以完成的任务，使力量能够在时间和空间上延伸。杠杆、转轮、轴承、滑轮、螺丝、锲子、斜面等简单的机械原理都可以用孩子熟悉的物品进行说明。例如，可以用孩子玩跷跷板时要尽量往尽头坐才能平衡另一端较重的同伴，或者用剪刀剪较厚的东西时要尽量将剪刀张开等作为例子来说明杠杆的原理。

要将井里的水桶提上来就需要用转轮和轴承。转轮的轮辐起到了杠杆的作用，能够让轴承的转动更轻松。转轮、轴承和滑轮发挥作用的原理就是起重机的工作原理。孩子可以从汽车方向盘的工作原理中看到转轮和轴承的使用，在他们转动门栓和铅笔刀的时候，也同样如此。

古人在建造金字塔时使用了斜面，而今天当孩子骑着自行车从机动车道蹬向更高的人行道时，也是在展示同样的原理。

围绕在圆柱体表面的斜面构成了螺旋形。当一个螺旋形的物体开始转动，紧贴着螺纹的任何物体要么与其一起转动，要么沿螺旋运动。阿基米德曾经利用这一原理从尼罗河中提水。今天，这一原理则被用来移动房屋，用来调整钢琴凳的高度，或者用来做花生酱的开瓶器。

这些机械原理都对人类产生了深远的影响。理解了一个新领域的基本原理后，孩子就能在深入了解该领域的过程中找到基本的立足点。在再次遇到相似的现象或观点时，他们就能将其与已知的观点联系起来。如果他们理解了某个原理在不同领域中的应用，其知识、理解和兴趣就会得到多方面的扩展。

在地理中，一个基本的原理就是某个地域的气候取决于当地的光照情况。赤道附近常年被阳光直射，所以温度很高。阳光以很大的倾斜度照射在地球的两极，强度大大减弱，所以极地的温度很低。在赤道和两极之间的区域，气候则非常温和舒适。气候差异还会影响人们对农作物和房屋建筑的选择。通过对比正午的太阳和傍晚的太阳、夏天的太阳和冬天的太阳，可以让孩子了解气候差异的原理。

生物学的原理则涉及生物对食物、水、空气和温度的需求，并会引发出大量有趣的问题，比如为什么膝盖擦伤后会流血？为什么疯玩以后会觉得饿？为什么夏天更容易口渴？为什么刚刚结束赛跑的运动员会呼吸急促？诸如此类的问题就会涉及很多领域的知识。

第十三章　人格类型与学习风格

一位老师在讨论人格类型时曾说："在教学中，最令人沮丧的事情就是顾此失彼，要想照顾到保罗，就会影响到皮特。在设计课程的时候我就明白，这种设计可能适用于某些学生，但肯定不适合另外一些学生。如果能找到一个合理的解释，我多少会觉得安慰一些。"事实上，很多老师在教学工作中都遇到过这种问题。在本章，我们会分析这一现象背后的原因，同时也会提出相应的建议。

不同人格类型的学生的学习风格自然会存在特定的差异，对于不同教学方式的反应肯定也会不同。理解了不同人格类型的不同特质，老师们就会理解为什么有些学生会适应并喜欢某些教学方法，而其他学生则不然。这就涉及了两个不同的问题：适应是沟通的问题，喜欢是兴趣的问题。

最开始，老师与学生的沟通是以口头方式进行的，学生需要听懂老师说了什么。接下来，学生开始接触课本，这时他们就需要认识各种词汇并读懂书本上写了什么。词汇是教育的基本媒介，而在语言交流的过程中，个体需要利用自己的直觉将抽象的词汇符号转换为不同的意义，因此，直觉型的人比感觉型的人更擅长这种转换。直觉型的人使用的正是自己最偏好也最发达的感知方式，而感觉型的人则需要使用自己不太偏好也不太发达的感知方式，他们需要花费更多的时间和精力才能完成词汇的转换和理解，处理抽象词汇的时候更是难上加难。

对于感觉型学生来说，入学之初的几天是至关重要的。在这之前，他们关注的都是身边那些看得见摸得着的具体事物。而到了学校，他们就再也不能随心所欲地到处乱摸了。学校的一切都是词汇，有些词汇甚至是他们听不懂的。很多词汇会一闪而过，孩子们此时面临的困难就像与外国人打交道一样，他们需要切换到自己不熟悉的语言模式。陌生的词汇总是需要花费额外的精力才能被翻译、被理解，但如果对方的语速过快，很多词汇都一闪而过，翻译也就无从谈起了。

幸运的是，学校的老师可以控制自己的语速。如果意识到感觉型学生需要一定的时间来消化听到的词汇，老师就可以适当地放慢语速，并且每讲完一句话就稍作停顿。在这个停顿的过程中，直觉型学生可以思考自己刚刚听到的话，而感觉型学生则可以确认自己是否听懂了老师刚刚讲的内容。如此一来，老师就可以保证与所有学生都实现了有效的交流。

刚入学的时候，孩子的语言理解能力会面临巨大的考验。在陌生的校园环境中，他们非常需要胜任感，而获得胜任感的最好办法就是让自己确实有能力胜任。如果他们能够利用自己的感知功能正确地理解任务，并利用自己的判断功能采取恰当的方法完成任务，他们的感知和判断能力就会得到强化。如果孩子能够顺利地掌握新知识或者完成新任务，他们就会获得满足感，而这种满足感又会作为内部动力，驱使着他们继续努力和进步。

但是，如果孩子经常失败（或者感到失败），内心的挫败感就会导致他们不愿再努力、不愿再学习，这种挫败感甚至会阻碍他们感知和判断能力的发展。

无论对于孩子、学校还是整个社会来说，习惯性失败的后果都是极其严重的，因此我们必须竭尽所能来避免这一问题。我们布置给孩子的任务应该简单明确，并且要有助于提高他们的知识或技能。在入学第一天，老师就应该让孩子们明白，很多有用、有趣的东西都是值得学习的，而且学习的方法多种多样。在教授阅读时，最重要的就是让学生明白不同的字母代表着不同的发音，而单词之所以会被印在书本上，就是为了说明这个单词在口头交流时应该怎么念。

初级阅读者尤其要注意发音与字母之间的关系。当然，很多孩子都可以轻而易举地理解这一点，他们在入学之前可能就已经学会阅读了。如果孩子认识字母，并且知道不同字母的发音，那么在掌握了其中的规则以后，他们就可以开始阅读了。孩子可以从自己熟悉的故事或者歌谣开始，试着将其中的单词与发音联系起来。他们可能会指着一本书、一份报纸或者一个包装盒上的单词问："这是什么意思？"如果家人没有回应，他们就会继续询问邻居或者邮递员。每当孩子学会了一个单词的读音和拼写，他们就会在大脑中记下来。

在记住了足够多的单词后，孩子们就可以进行简单的阅读了，阅读中涉及的大部分词汇都在他们熟悉的口语范畴内，但也有一些不属于口语范畴。当孩子遇到一个自己听过但从来没有看见过的单词时，他们会根据字母来判断发音，并最终根据整个单词的发音来确认它的意思。渐渐地，孩子不再需要逐一辨别构成单词的字母的发音，他们在看到一个单词的时候就能够直接把它念出来。他们先把书面的单词转换成声音，然后再根据发音来确定它的意思。到最后，他们将不再需要中间的声音转换，在看到一个单词的同时就能够明白它的意思。在遇到陌生的词汇时，孩子往往会根据自己的直觉来推测单词的发音并根据上下文猜测其意思。这时，如果孩子通过查字典或者其他方式确定了单词的意思，就算日后没有机会听到这个单词的发音，他们也不会搞错其意思。

善于自学的孩子往往都有强烈的阅读兴趣。很多孩子在学习单词的意思（也就是确认单词的发音）时，都需要一些帮助，而有些孩子则需要很多帮助。越来越多的学校已经开始在一年级的时候就安排专门的课程来讲解如何将抽象的文字符号转换成声音，老师会逐一地教授字母的发音，以及单词的发音与书写之间的对应关系。这样的话，所有的孩子都会对未来学习书写充满信心。

如果孩子所在的学校没有开设类似的发音课程，而父母也没有进行相关的指导，那么孩子是很难自己掌握这些规则的。在了解单词的发音之前，他们很可能会掌握大量的"视觉词汇"。这些孩子会形成一些错误的想法，会以为谁也不知道该怎么阅读，或者以为老师肯定会教他们如何进行阅读。他们必须想办法记住大量孤立的"视觉词汇"，并且这个记忆量会随着阅读量的增加而增加，而如果老师不讲，他们就永远不会知道某个单词的意思。他们采用的学习方式是"词汇轰炸法"：通过记忆单词的大体形状、它在某个熟悉页面上的位置、紧接着这个单词发生的故事情节，或者紧挨着这个单词的某个图案来定义这个单词。但在阅读新材料时，这些方法都是不可靠的，它们只会掩盖真正的问题和解决办法。而真正的问题就是，如果孩子不懂得如何将书面词汇转化成声音，他们就只能靠记忆来"阅读"，并且很难学会新的词汇。

内倾直觉型（IN）孩子往往更善于将抽象的文字符号转换成声音。在一年级，IN 型孩子总是能最快地理解抽象符号的意义并对此兴趣盎然。但外倾感觉型（ES）孩子对"直觉"和"内倾"的使用都非常有限，他们也许会觉得所有的符号都莫名其妙并且开始讨厌学校的一切，甚至会因为绝望或逆反而宣称学校不适合自己。

对文字符号的迷惑感是一个非常严重的问题。如果孩子无法理解用于书写和阅读的文字符号的意义，他们就很难适应学校的生活。根据对文字符号的迷惑程度，他们可能会存在一定程度的阅读障碍，也可能完全无法阅读。无论是学业考试还是智力测验，他们的成绩都会很差。因为无法理解眼前的东西，他们可能会觉得百无聊赖，甚至会产生屈辱感。他们总是想尽快退学。他们在学校的失败表现会被归结于智力低下或者情绪障碍，但事实上，他们所有的学业、智力和情绪问题都出于同一个原因，那就是从一开始，就没人帮他们弄清楚文字符号与发音之间的关系和意义。

在没有语音课程的学校里，字母的发音只是断断续续地出现在不同的词汇课程中。但此时，学生的阅读问题已经出现了，而且有些学生甚至开始感到绝望了。他们忘不了自己之前一直使用的错误方法，于是就一边学习新方法，一边使用旧方法。当然，老师教的新方法还是有作用的——他们掌握的越早就越有帮助，但效果终究还是不如从一开始就使用正确的方法。对有些孩子来说，因为对新方法的接触太少或者太晚，所以根本就起不到任何作用。

在教育中，学生与老师之间的交流虽然没有受到太多的重视，但其影响却是非常深远的。当老师试图通过口头或书面测试来了解学生对知识的掌握情况或者他们的学习能力时，就需要这种交流。如果由于某些原因，学生与老师之间的交流受到了阻碍，老师很可能会过度低估学生的真实学习水平和能力。

直觉型个体能够快速地将词汇转化成意义，因此，在任何限定时间的语言能力测验或者涉及语言的智力测验中，他们都更有优势。如果按照人格类型来分析这些测验的分数，我们就会看到直觉型个体的成绩显著地高于其他人格类型。在 19 世纪 50 年代，美国教育考试服务中心（Educational Testing Service，ETS）在决定出版 MBTI 之前就针对大规模的数据做过这样的分析。在宾夕法尼亚州 30 所中学的高二和高三学生中，直觉型男生的 IQ 平均值高出感觉型学生 7.8 分，直觉型女生的 IQ 平均值则高出感觉型学生 6.7 分。在 5 所大学的大一新生中，直觉型学生的学业能力测验（SAT）成绩平均比感觉型学生高 47 分。

人们很容易认为，既然这些测验成绩的差异达到了统计学上的显著性标准，那么就证明了不同人格类型的智力水平确实是不同的。这是大错特错的。大多数感觉型学生的测验成绩之所以不理想，其实是因为他们缺乏必要的测验技巧。

比如，在进行入职测验时，一位内倾感觉情感判断型（ISFJ）女士就认为，她必须仔细地把题目阅读三四遍以后才能选出答案。后来，有一位同事要与她竞赛，两人同时完成一个类似的测验，这次她改变了自己的答题策略，每道题目只读一遍就做出了选择。尽管这位女士不太愿意承认，但她这次测验的成绩确实比之前提高了 10 分。

在进行测验时，很多感觉型的人都把宝贵的时间浪费在了反复阅读题目上。事实上，如果他们只读一遍题目就选出答案，成绩就会大大提高，只不过他们不愿意冒险而已。感觉型的人不相信自己的直觉，也不认为自己凭直觉一眼就能准确地理解题目的意思。在某种程度上，他们是对的。与直觉型的速战速决相比，感觉型的人倾向于先搜集充足的可靠事实再进行决策，这也是他们的一项核心优势，我们应该对此表示尊重而非诋毁。

要想让感觉型学生在不违背自己原本的决策原则的前提下充分地展现出自己的实际能力，老师可以取消测验的时间限制，将速度型测验变为能力型测验。这种做法并不会影响或改变测验的效度。1975 年，约瑟夫·坎勒（Joseph Kanner）以韦氏成人智力测验为标准来研究欧提斯团体智力测验的效度，如果按照正常的测验要求限定时间，那么这两种智力测验的相关程度一般只有 0.49。而作为能力测验，取消了时间限制后，其中一组的欧提斯团体智力测验得分与韦氏成人智力测验得分的相关系数 r 为 0.70，另一组的欧提斯团体智力测验得分与韦氏成人智力测验得分的相关系数 r 则为 0.92。这个结果强有力地证明了，测验的时间限制正是阻碍个体表现出自己真实智力水平（韦氏成人智力测验得分）的重要原因。

当然，无论在学校还是社会，快速反应都是一个不可否认的优势。有针对性地通过训练提升反应速度对于感觉型和直觉型学生来说都大有裨益。但速度训练不应与学习内容混淆在一起，老师在设计教学方法的时候也不能把速度作为核心目标，更不能用反应速度来考量学生对学习内容的掌握程度，或者判断学生的逻辑推理是否正确。

现在，很多阅读老师都更关注学生对阅读材料的理解而非他们的阅读速度，也就是说，老师更关心学生的高级认知能力，包括逻辑和推理能力。佛罗里达州立大学儿童教育系的玛丽·巴德·罗伊博士（Dr. Mary Budd Rowe）在 1974 年公布了一项重要的研究结果，她在文章中指出，即便在更高的认知层面上，降低对速度的要求也能够有效地提高个体的最终表现。

罗伊博士在她的研究中分析了 300 份低年级学生在自然科学课堂上的录音，这一课程的目标是激发学生对大自然的好奇心。录音分析的结果揭示了两种典型的课堂模式：一种是学生的参与度很低，他们的语句平均只有 8 个单词；一种是老师的讲解很快，并且不停地提问，而每次向学生提问时等待的时间又很短，平均停顿 1 秒后，老师就会重复刚刚提问的问题或者接着去提问另一个学生。

在回答问题时，如果学生稍作停顿去组织自己的语言，那么还不到 1 秒，老师就会迫不及待地开始评论他们的答案或者接着问新的问题。只有在极少数录音中，学生回答问题的长度和质量真正地满足了课程目标，显示出了学生对自然的兴趣。也只在极少数录音中，老师等待学生开口回答问题的平均时间超过了 3 秒。

在第一项研究的结果公布后，又有大量的研究开始分析老师等待时间的重要性。研究者通过说服或训练老师，使他们在向学生提问时尽量等待 3 秒或者更长时间。结果非常惊人：

- 学生回答问题时语句的平均长度增长了近 3 倍。
- 学生的回答与问题相关的概率增加了 2 倍多。
- 学生基于事实进行分析、推理后做出回答的概率增加了 1 倍多。
- 学生试探性回答的概率增加了 2 倍多。

■ 学生无法回答问题的概率从每 2 分钟 1 次降至每 15 分钟 1 次。

■ 老师几乎不再需要维持纪律，这说明即便是不爱学习的学生也对某些内容产生了兴趣。

一个意想不到的结果是，老师们开始对那些成绩不理想的学生刮目相看。研究者让老师在课堂上分别提问了 5 名成绩优秀的学生和 5 名成绩很差的学生，通过仔细分析这些录音，研究者发现，在成绩优秀的学生回答问题时，老师等待的时间是提问差生时的 2 倍。这也许是因为老师对差生的期望很低或者根本就毫无期待。但是，当老师试着把等待差生的时间延长到 3 秒时，这些差生竟然也开始以新奇有趣的方式回答问题了。而考虑到他们以往的不良表现，这种变化是非常令人欣慰也匪夷所思的。

但从人格类型的角度来看，这种变化是可以理解的。这 5 名成绩很差的学生应该都是感觉型，他们需要更多的时间来消化自己听到的东西。因此，即便只有 3 秒钟，也可能产生截然不同的结果。如果一般或中等偏下的学生每次都有 3 秒以上的时间来整理思路、组织语言，那么他们的成绩会发生怎样的变化？这倒是个很有趣的研究。这些学生在课堂上展现出的优势，将会对他们未来的生活产生深远的影响。

在教学中，另外一个与人格类型息息相关的问题就是学生的兴趣。直觉型和感觉型学生对不同科目的兴趣是不同的，即便他们对同一个科目感兴趣，也会表现出不同的兴趣点。直觉型学生喜欢基本原理和抽象理论，喜欢问"为什么"，而感觉型学生则喜欢实际应用，喜欢问"是什么"和"怎么做"。大部分课程都包括理论和应用两部分，因此，老师可以有不同的侧重点。

无论老师以什么方式讲课，学生通常都只能记住自己感兴趣的那部分。如果只有理论部分的讲解和作业，感觉型学生就会非常厌倦。如果平均安排理论与应用部分，那么每个学生都会有一半的时间觉得无聊。而如果学生能够自主地选择他们感兴趣并且觉得有用的内容进行学习，那么他们必然会学得更有热情、更加积极。

在未来，理想的教材应该是这样的：在每一章的开始是本章内容的简介，简介中包含了每个学生都必须掌握的核心知识点，学生只有掌握了这些知识点才能够继续深入学习自己感兴趣的内容。简介的后面，是分别根据感觉型和直觉型学生的特质设计的不同的学习内容。学生只需根据自己的兴趣选择学习并掌握其中一部分内容就可以获得相应的学分。考试的题目将涉及所有这三部分内容，学生回答了简介部分的题目后，就可以继续回答自己之前选择深入学习的那一部分题目，而如果他们有能力，也可以回答全部三个部分的题目，这样就能获得更高的分数。

即便没有这样的理想教材，老师也可以在作业、报告甚至是期末考试中，给学生自主选择的机会。在出考题时，有一位老师向来都会为直觉型学生设计一些题目，再为感觉型学生设计另一些题目，然后把所有的题目都发给学生，学生可以自由地选择自己偏好的题目作答，只要最终的答题量达到要求即可。有时候，她还会让学生们设计自己感兴趣的题目，经她修改后使用。她说，学生们很少在自己出题时投机取巧。这也许是因为他们在自己出题的时候才发现，设计一道好的题目比回答好一道题目困难得多。

对人格类型感兴趣的老师相当于掌握着整个实验室的资源，在讲课的过程中，他们可以观察不同人格类型的学生对于不同讲课方式的反应，并根据这些反应来确定不同的研究假设。例如，感觉型学生很容易适应程式化的讲课方式，因为这种方式不会让他们紧追猛赶，而直觉型学生则会觉得这种方式非常无聊，因为讲课节奏太慢。一名直觉型学生曾说，他希望课堂上有一个"啊哈"按钮，这样他就可以及时告诉老师自己已经明白了以便让老师加快进度。

个体在很小的时候就会表现出自己的"感觉－直觉"（SN）偏好。一名小学二年级学生的母亲说，在他们家，只有这一个孩子是感觉型的，他既不喜欢看书也不喜欢听书。直到有一天，她向这个孩子讲起儿童版的历史故事时，他才一反常态地认真听了起来。"真的是这样吗？以前的人们真的是这么做的吗？"他对历史事件的浓厚兴趣表明，他更相信无可置疑的客观事实。当然，这是一个表现比较突出的例子，但它还是说明了当感觉型的孩子开始阅读时，他们更喜欢生动有趣的事实，并且最好配有真实的照片，而那些凭空编造的儿童小说和童话故事则很难吸引他们的注意。

最后需要强调的一点是，我们可以把兴趣作为促进学习的手段，但绝不能把"没有兴趣"作为逃避学习的借口。作为学生，一些基本的技能是必须掌握的，一些必备的专业知识也是必须学习的。

如果对必须学习的东西不感兴趣，学生就会做出两种选择。一种就是勤奋，勤奋没有天分那么引人瞩目，也没有兴趣那么振奋人心，但勤奋的学生总是会努力完成自己的任务。判断型学生往往会采用这种方式，在应对外部世界时，他们依靠自己的判断而非感知。无论是出于自愿还是偶然，大部分感觉型学生都属于判断型。凭借突出的判断能力，他们总能按时完成任务，虽然这种"完成"还称不上是"成就"。

另外一种选择则是我在 4 岁时知道的，当时我跟妈妈进行了一次对话，对话的内容我至今记忆犹新：

"妈妈，我能帮你做点什么吗？"
"你的衣橱该收拾一下了。"
"可是我不喜欢我的衣橱。"
"那你就试着去喜欢吧！"

简而言之，对于不愿意勤奋用功的学生来说，培养兴趣是最合适的方法。其实，如果认真审视一下自己的作业，他们总会有办法让自己提起兴趣的。

这项作业可能是练习某种技能。如果是，那么要练习的是什么技能？自己的练习方法是否有效？经过练习，自己的表现有进步吗？

这项作业可能是解释某个概念。如果是，解释的目的是什么？是需要给出完成的解释，还是可以从不同的角度中选出最合理的那一个？

这项作业可能是设置一个未来可能会用到的账号。如果是，那么具体是什么时候、怎么使用呢？要想让这个账号生效，还需要做些什么呢？

这项作业也可能是记住某个名字、日期或者定律。如果是，能否使用朗朗上口的顺口溜让这些内容更容易记住呢？

In fourteen hundred ninety-two

Columbus sailed the ocean blue.

I before E

Except after C

Or when sounded like aye

As in neighbor or weigh.

最后，如果是学生自己来讲这门课，或者布置这门作业，有什么方法可以让它们变得更有趣呢？

第十四章　人格类型与职业选择

个体的职业选择显然也会受到人格类型的重要影响。1965年，哈罗德·格兰特博士（Dr. W. Harold Grant）给奥伯恩大学的新生们准备的问卷中就包含了下面这个极富洞察力的问题：

你认为一份理想工作的最重要的特征是什么？

（a）有机会施展自己的特殊才能；

（b）富有创造性和开拓性；

（c）具有稳定的发展前景；

（d）具有丰厚的物质回报；

（e）有机会为他人服务。

在全部16种人格类型中，有5种人格类型的学生认为理想的工作应该"具有稳定的发展前景"，而他们全都属于感觉型。作为最热情的人格类型，外倾感觉情感判断型（ESFJ）学生毫无意外地选择了"有机会为他人服务"作为理想工作的特征。而在8种偏好"直觉"的人格类型中，有7种都选择了"有机会施展自己的特殊才能"或者"富有创造性和开拓性"。因此，感觉型的人更关心工作的稳定性而非工作的性质，这种稳定性才是他们工作满意度的来源。而直觉型的人则更希望通过工作来实现自我价值，他们可能更愿意从事具有创造性的工作。人格评估与研究中心的麦克金农博士（DR. D. W. MacKinnon）在1961年发现，那些富有创新和开拓精神的人，无论是建筑师、作家、科学家或者数学家，几乎都是直觉型。

对职业选择影响最大的人格维度偏好是"感觉-直觉"（SN），这一维度偏好在很大程度上决定了个体的兴趣特征。感觉型（S）的人喜欢那些涉及大量客观事实的工作，而直觉型（N）的人则更希望有机会在工作中探索各种可能性。

第二个对个体的职业选择产生重要影响的人格因素是"思维－情感"（TF）偏好，这决定了个体更容易采用或者接受什么样的决策方式。偏好"思维"（T）的人更善于处理与物体、机械、规则或者理论相关的问题，这些问题都不涉及反复无常又难以预测的情感，因此只需借助严谨的逻辑思维就能够妥善解决。而偏好"情感"（F）的人则更善于处理与人有关的问题，他们总能知道他人的价值取向，也懂得如何说服或者帮助他人。

在选择职业的时候，个体应该充分考虑未来的职业能在多大程度上与自己偏好的感知和判断方式相契合。在决定入职之前，个体也应该全面地了解自己未来职业的工作内容和时间安排。尽管世界上并没有十全十美的工作，但如果能在工作中充分发挥自己天生偏好的心理功能，那么你就能欣然接受这份工作的不完美之处了。

那些秉持着开放的心态来选择职业的人，往往会选择那些汇集了大量与自己志同道合的人的工作，而他们也会从中受益。个体在感知（SN）与判断（TF）维度上的不同偏好会构成四种组合，任何一种组合都代表了不同的兴趣、价值观、需求和技能。表14-1展示了这四种偏好组合在15个不同的职业群体中的分布概率，概率范围从0~81%不等。

	ST （感觉思维型）	SF （感觉情感型）	NF （直觉情感型）	NT （直觉思维型）
职业领域				
会计	64%	23%	4%	9%
银行职员	47%	24%	11%	18%

（续表）

	ST（感觉思维型）	SF（感觉情感型）	NF（直觉情感型）	NT（直觉思维型）
销售、客户关系	11%	<u>81%</u>	8%	0%
小说家	12%	0	<u>65%</u>	23%
科学家	0	0	23%	77%
研究生				
神学（文科）	3%	15%	<u>57%</u>	25%
法律	31%	10%	17%	<u>42%</u>
大学生				
金融贸易	<u>51%</u>	21%	10%	18%
护理	15%	<u>44%</u>	34%	7%
咨询	6%	9%	<u>76%</u>	9%
科学	12%	5%	26%	<u>57%</u>
保健	13%	36%	<u>44%</u>	7%
教育	13%	<u>42%</u>	39%	6%
新闻	15%	23%	<u>42%</u>	20%
体育与健康	32%	34%	24%	10%

表 14-1 不同职业和学生群体中的人格类型分布

感觉思维型（ST）的人关注客观事实，并能够对其进行理性分析。他们往往实事求是，而且非常务实，在与事实、物体或者金钱打交道时总是得心应手。在抽样调查中，64% 的会计从业人员都是 ST 型，而这一人格类型在金融贸易专业的大学生和银行职员中的分布比率则分别为 51% 和 47%。此外，在生产、建造、应用科学和法律领域，ST 型的人都有不俗的表现，但在咨询和神学专业的学生群体中，ST 型的比率只占到了 6% 和 3%。

感觉情感型（SF）的人也非常关注事实，但他们倾向于采用更有人情味的方式来处理这些现实问题。SF 型的人一般都很有同情心，而且亲切友善，他们青睐于能够为他人提供实际帮助和服务的工作。在该调查中，从事销售和客户关系的人有 81% 都属于 SF 型，在护理和教育专业的学生中，这一人格类型的比率也分别占到了 44% 和 42%。SF 型的人在护理、保健、社区服务、教育（尤其是小学教育）和体育教育等领域的表现都非常出色。但在法律、咨询和科学等专业，SF 型学生所占的比率分别只有 10%、9% 和 5%。

从事销售和客户关系的人绝大多数都属于 SF 型，这也说明了人格类型对人员流动率的强烈影响。莱尼（Laney）在 1949 年对华盛顿燃气电力公司的员工进行了人格测评，当时他只对不同的人格偏好进行了分析，而没有涉及这些偏好的组合。九年后，莱尼在编制表 14-1 的时候又回访了这家公司，但是发现公司已经销毁了离职员工的资料。而依然留存的测评资料则显示，大约 4/5 的情感型员工一直没有离职，而大约 4/5 的思维型员工则选择了离职。

直觉情感型（NF）的人更关注潜在的可能性而非客观事实。他们的热情和敏锐的洞察力总是能够帮助其准确地理解他人并顺畅地与人沟通。在该样本中，有 76% 的咨询专业的学生和 65% 的小说家属于 NF 型，在神学、保健和新闻专业的学生中，这一人格类型的比率分别为 57%、44% 和 42%。NF 型的人在教学、研究、文学和艺术领域都有出色的表现，但在金融贸易专业的学生、销售与客户关系从业人员和会计中，NF 型的比率仅为 10%、8% 和 4%。

直觉思维型（NT）的人也非常关注各种可能性，但他们的处事方式往往更加客观理性。NT 型的人大多都具有强大的逻辑性和原创性，并善于用自己的才能来推动理论与技术的发展。在我们的调查样本中，77% 的科学家都属于 NT 型，而在科学与法律专业的学生中，这一人格类型的比率也达到了 57% 与 42%。NT 型的人往往会成为优秀的发明家、管理者、预言家和证券分析师。在以下四个调查群体中，NT 型所占的比率较小，它们分别是：会计和咨询专业的学生（9%）、护理与保健专业的学生（6%）、教育专业的学生（6%）以及从事销售和客户关系的人群（0%）。

但我们绝不能因为自己"不属于某种人格类型"就放弃对理想职业的追求。如果在你的理想职业领域很少有与你类似的人，那么你可以先充分地了解一下这一职业。如果在调查之后，你依然坚信自己可以努力掌握相关的技能并顺利地与其他类型的同事沟通，那么在未来的工作中，你很可能会因为自己与众不同的技能而对整个团队做出重要的贡献。例如，在佛罗里达监狱的教官中，直觉型的比率还不到 12%。为了提升教官改造罪犯的技能，监狱特意为教官们安排了人际关系课程。而在学习这门课程时，这些为数不多的直觉型教官所掌握的技能远远超过了大部分感觉型教官。另外一个例子是关于一位外倾感觉思维判断型（ESTJ）的神父的，在神职人员中，这种人格类型是非常罕见的。当我们向人们询问这位 ESTJ 型神父的工作状态时，人们说："那家伙整天忙着搞抵押贷款。只要贷款一偿清，他就跑到下一个教区，继续搞抵押贷款。"

当人们锁定了一个能够充分发挥自身优势的工作领域时，往往会发现这一领域有各种各样可供选择的具体工作。这时，个体的"外倾 - 内倾"（EI）偏好就变得格外重要了。尽管每个人的生活都会同时涉及外部世界的人事纠纷和内部世界想法、概念，但一般只有在自己偏好的环境中个体才会感觉更加自在，工作也更加高效。

以感觉思维型（ST）的人为例，偏好内倾的 ST 型（IST）个体往往更喜欢组织、整理与事情相关的事实和规则，这一点在经济和法律事务中是非常重要的。而偏好外倾的 ST 型（EST）个体则更关注事情本身并努力推动事情的进展，这在商业和工业事务中也是必不可少的。

外倾型（E）的人乐于处理发生在自己身边的各种事情，他们会积极高效地周旋在各种人事之间。而内倾型（I）的人更善于处理各种抽象想法，他们喜欢能够激发大脑思维的工作内容。

因此，在选择具体的工作时，个体还需要考虑实际的工作内容要求（内倾型）或者允许工作人员在多大程度上表现出外倾性（外倾型）。有些人能够自如地在外倾和内倾之间切换，他们可能会对同时需要外倾性和内倾性的工作非常满意。但大部分人在外倾与内倾上还是会有所偏好，如果工作内容与自己的内外倾偏好相匹配，他们的工作满意度就会更高。

"外倾－内倾"（EI）偏好同样会对员工的流动率产生显著影响。莱尼的研究表明，在智商高于 100 的男性中，从事安静的办公室工作的外倾型男性变换工作的比率是从事活动性工作（比如机械师或查表工等）的外倾型男性的两倍，而从事活动性工作的内倾型男性变换工作的比率则是从事安静的办公室工作的内倾型男性的两倍。

个体在"判断－感知"（JP）维度上的偏好会影响他们的工作满意度。判断型（J）的人在应对外部世界、处理人际关系或者具体事务时，往往会根据不同的情况来调动自己擅长的某种判断功能（思维或者情感）。而感知型（P）的人则会利用自己擅长的感知功能（感觉或者直觉）来处理各种外部事务。所以，在处理问题时，判断型和感知型的人所采用的方式是截然不同的。

判断型（J），尤其是偏好"感觉"（S）的"感觉判断型"（SJ）的人，喜欢自己的工作井井有条且计划明确，比如，他们需要知道自己在下周四三点的具体工作安排是什么。而感知型（P），尤其是"直觉感知型"

（NP）的人，则希望自己能够根据实际情况随机应变。不同的工作在这些方面是有明显区别的。

不同的工作所涉及的日常决策量也是不同的。判断型（J），尤其是"思维判断型"（TJ）的人非常喜欢在工作中进行各种决策。而感知型（P），尤其是"情感感知型"（FP）的人却非常讨厌没完没了地做决定，他们宁可只有一条路可走，也不愿意在两条路中选择其一。这也就是为什么在大学的行政管理人员中，86%的人都属于判断型，而在一个咨询教育专业的学生样本中，感知型的比率高达64%（见第三章表3-22和表3-18）。

表14-2和表14-3列举了具有不同偏好的个体在工作场景中可能出现的不同反应。这些反应特征是对整体的概括，因此并不能代表具体的人在具体情境下的反应。但根据人格类型理论，这些行为都是可以预期和理解的。

外倾型（E）	内倾型（I）
喜欢变化和行动	喜欢保持安静、集中精力
反应迅速，不喜欢繁复的程序	关注细节，不喜欢笼统的描述
善于待人接物	很难记住别人的名字和面孔
很难在漫长的工作中保持耐心	能够长时间专注于同一工作
关注工作的结果，会努力把工作完成，同时也对他人的工作方式很感兴趣	关注工作背后的意义
不在乎被电话打断工作	讨厌工作过程中被电话打断
行动迅速，有时甚至会不假思索	习惯三思而后行，有时会不去行动
喜欢与很多同事一起合作	喜欢独自工作
能够无拘无束地交谈	有一些交流障碍

（续表）

感觉型（S）	直觉型（N）
讨厌新问题，除非有现成的解决方案	喜欢解决新问题
喜欢按照固定的模式做事	讨厌反复做同样的事情
喜欢一直使用现有的技能，不喜欢学习新技能	喜欢不断地学习新技能，而不是运用这些技能
工作状态稳定，能够把握自己的工作进度	工作时而热情高涨，时而无精打采
往往会一步一步地得出结论	会迅速地得出结论
对于各种日常琐事充满耐心	对于各种日常琐事毫无耐心
当细节变得复杂时会丧失耐心	情况越复杂就越有耐心
很少受灵感驱动，也很少相信灵感	始终相信自己的灵感，无论是好是坏
很少在事实问题上出错	经常在事实问题上出错
善于处理精细的工作	讨厌花时间精雕细琢

表 14-2 "外倾 - 内倾"（EI）偏好与"感觉 - 直觉"（SN）偏好在工作场景中的不同表现

思维型（T）	情感型（F）
不轻易表露自己的情感，也不善于应对他人的情感	善于洞察自己与他人的情感
可能会在无意中伤害他人的情感	喜欢取悦他人，即便是在无关紧要的事情上
喜欢按照逻辑来分析和整理事情，能够不受人际冲突的影响而正常工作	喜欢和谐的人际关系，办公室的人际矛盾会严重地影响他们的工作效率
能够客观公正地进行决策，有时会忽视他人的意愿	进行决策时，往往会受到自己或他人喜欢和意愿的影响

思维型（T）	情感型（F）
需要被公正地对待	需要被不时地赞扬
必要的时候，能够毫不留情地批评或开除员工	很难开口告知别人不好的事情，不喜欢做"坏人"
分析导向，能够轻松地回应他人的思考	人际导向，能够轻松地回应他人的情感需求
意志坚定	富有同情心

判断型（J）	感知型（P）
能够自主地制订并实施计划，工作效率很高	面对不断变化的环境能够随机应变
喜欢将事情落实并逐一了结	有时会将事情暂时搁置，以便后期进行调整
做决定时可能会过于仓促	做决定时犹豫不决
不喜欢因为紧急任务而中断手头的工作	会同时开展很多项目，但不见得能顺利完成
也许不能及时发现并解决工作中出现的新状况	可能会拖延不喜欢的工作
接手新工作时，只希望了解核心的信息	接手新工作时，希望全面掌握所有的信息
一旦对事情、形势或者某人做出结论，就会觉得心满意足	好奇并愿意接受对事情、形势或者某个人的新见解

表 14-3 "思维 - 情感"（TF）偏好与"判断 - 感知"（JP）偏好在工作场景中的不同表现

例如，内倾型个体天生就更关注自己内心的想法而非身边的环境，因此他们往往更能够集中注意力。在一些生产工作中，工人的生产效率在很大程度上就取决于他们的抗干扰能力，此时他们的专注力就非常重要。在费城第一银行，中央转录部的主管对打字员的工作速度和质量进行了评估，结果，主管对 8 位内倾型打字员的评价要远高于其他 8 位外倾型打字员。

此外，该银行的中央转录部一直没有招到理想的收发员。收发员的工作内容包括收集整个银行的印刷滚筒，并将打印完的文件送回原处。在来回奔走的过程中，他们还要注意保证打字员的材料供给。在连续辞退两名不合格的收发员后，中央转录部的一名员工希望人事部能够解释一下为什么总是招不到合格的收发员。人事部的负责人则反问，理想的收发员需要具备什么样的性格特质？对此，谁都没有答案。

于是，人事部询问了那两名不合格的收发员的姓名以及他们出现的具体问题，同时也了解了之前两名表现优秀的收发员的姓名和相关情况。通过查询这些员工的档案，人事部看到了这些员工的性格测试结果，并得到了初步的解释。根据大家的反映，其中一名不合格的收发员的问题就是她总把工作当成社交活动，逢人就聊天——甚至会跟打字员聊个不停，而且聊的话题很多，占用的时间也很长。事实上，她的人格类型就是"外倾感觉情感判断型"（ESFJ），这种类型的人最典型的特点就是喜欢与人交谈。大家对另外一名收发员的不满之处就是她太固执己见，但凡她做好计划就会雷打不动地执行，任谁都无法动摇她，而对于同事的差使，她根本就不放在眼里。这位员工的人格类型是"内倾感觉思维判断型"（ISTJ），ISTJ型的人往往会非常专注于手头的工作，多数情况下，这其实是一个优点。至于之前用过的那两名表现令人满意的收发员，其中一位是"外倾感觉情感感知型"（ESFP），她后来被提升为打字员，接着又升为秘书。另外一位是"内倾感觉情感感知型"（ISFP），她离开公司以后就去了修道院。

根据这些线索，中央转录部决定尝试聘用"感觉情感感知型"（SFP）型的收发员，偏好"感觉"（S）意味着注重细节，偏好"情感"（F）意味着愿意满足他人的期望，而偏好"感知"（P）则意味着能够随机应变，这也是优秀的收发员应该具备的最重要的素质。按照这一要求，人事部为他们推荐了一名SFP型应聘者，而中央转录部则表示非常满意，他们反馈说，这名收发员清楚各种任务的轻重缓急，他总会优先处理最紧急的任务，并且会适时地提醒打字员说"这是某某先生急需的材料",而材料也总能因此及时地送到需要的人手上。这种个案虽然在统计学上的意义不大,但却能够帮助我们深入地了解某种工作和人格类型,而如果继续追踪研究的话,必然能得出统计学上的结论。

在信贷投资部,部门主管对于电话调查员的表现一直非常不满。她抱怨说,这些调查员与同一个客户沟通过几次之后,就会在电话上热络地闲谈起来。她希望人事部能够为她招一些工作的时候不会分心的调查员。员工档案中的人格类型测评报告显示,这名主管是"思维型"(T),而她手下的调查员都是"情感型"(F),而这两种类型的人对于"工作"的理解显然是不同的。人事部为她招来了一名"外倾直觉思维感知型"(ENTP)员工,这名员工之前曾表示"难以适应常规的办公室工作"。在他调入后不久,信贷投资部的主管就评价他是部门里"最优秀的电话调查员"。

有些员工原本在某个岗位上表现不理想,调换岗位后却变得非常优秀,这类例子也能帮助我们理解人格类型与工作的关系。该银行在合并的过程中接收了一位"内倾直觉思维感知型"(INTP)员工,他尝试了多个岗位但一直都不太适应,所有的部门都不愿意留用他。后来,证券分析部出现了一个空缺,人事部就把这名无处可去的员工派了过来。结果,这名INTP型员工非常适应证券分析的工作,并且一直都表现得非常出色。

在一家公用事业公司中,有22名会计获得了中高级职称,其中只有3名是"直觉型"(N),而且这3名直觉型会计的工作满意度都很低。为了改善这种状况,公司任命了一位"外倾直觉思维判断型"(ENTJ)管理型人才作为副总审计师。要想做好这份工作,他必须充分发挥自己组织管理和改进工作流程的能力,而对办公室琐事的精准把控此时就显得不太重要了。两年后,这名副总审计师去了另外一家公司担任总审计师,对于个人发展来说,这当然是好事,但对原来的公司来说,却是重大的损失。

此外，一位"内倾直觉思维感知型"（INTP）分析型人才被任命为公司的财务副主管，他需要负责处理各种复杂的项目，比如养老金项目等。结果，公司对他的表现非常满意，而他本人也很享受这份工作。他的团队中有一名"内倾直觉情感判断型"（INFJ）型负责人总是对下属提出不合理的要求（似乎是过分地追求完美），导致大家怨声载道、士气低迷。于是，他毫不留情地辞退了这名吹毛求疵的负责人。人事部门解释说："财会工作并不需要太多的直觉和情感。"

一位"内倾直觉思维感知型"（INTP）个体在一家大型石油公司担任运输部副经理，他也认为自己的人格特质与这份工作非常匹配。他说自己的工作就像完成一幅错综复杂的拼图，需要不停地适应各种变化。具体来说，就是在运输不同的货物时，要通过组合不同的运输方式把成本控制到最低。他带着INTP型少有的轻松表情说："这种工作实在是太有意思了！"

位于东京的国家人才招聘中心多年来都在使用MBTI（日本版）对商业和工业领域的人才进行职位匹配。他们的经验表明，人格类型与职业的关系是超越语言和文化的。在四种性质完全不同的工作中，员工在不同人格偏好上的概率分布也截然不同。例如，在一家城市银行的管理层中，一半以上的人都属于"外倾感觉型"（ES），在分析了"感觉型"（S）个体的稳定性和可靠性之后，日本的测评人员得出结论："感觉型的人能够胜任积极固定的工作。"在工厂从事重复性技术工作的工人中，85%都是"感觉型"（S），日本的测评人员由此证明了这种技术性工作与抽象思维无关。大部分撰稿人都是"外倾直觉感知型"（ENP）；而在电话公司从事技术研发的工作人员则普遍偏好"直觉"（N）和"思维"（T），在这一群体中，"内倾直觉思维型"（INT）出现的概率是其他职业群体的5倍。

很多与职业选择相关的数据都来自正在准备就业的在校学生。根据斯蒂芬森（Stephens）1972年在美术专业毕业生中进行的调查（见本书第三章表3-15至表3-17），想成为艺术家、美术老师和艺术治疗师的学生的人格类型是有差异的。大部分想成为艺术家的学生都属于"内倾直觉型"（IN），他们更愿意追随自己内心的意愿从事艺术创作活动，而不愿意将精力耗费在外部世界。想成为艺术治疗师的人大多都是"外倾情感型"（EF），他们希望借助美术来帮助他人解决心理问题。这两类学生的人格偏好很少有交集，前者更关注创意，而后者更关注他人。但另外一类学生，也就是想成为美术老师向他人传授自己的美术知识和审美理念的人，几乎都是"直觉情感型"（NF），他们与想成为艺术家的学生一样关注创意，同时又与想成为艺术治疗师的学生一样关注他人。

在法学院，人格类型不仅会影响学生的入学率，还会影响学生的退学率（见本书第三章表3-20）。米勒（Miller）在1965年对一些名校法学院的学生进行了调查，发现法学院学生的退学率与传统因素（在校成绩或入学考试成绩）的相关性并不大，但却与人格类型密切相关。无论入学前还是入学后，"思维判断型"（TJ）学生的成绩都非常优秀，而"情感感知型"（FP）学生的成绩则始终不太理想。介于这两者之间的"思维感知型"（TP）和"情感判断型"（FJ）的退学率比平均水平略高，但法学院中TP型学生的人数是FJ型的两倍。

很多分析人格类型与职业发展关系的研究都是在医疗领域开展的。在19世纪50年代早期参与人格类型测评的医学专业学生中，有4000多人接受了追踪调查。第一次追踪是在1963年由美国医学协会开展的，第二次追踪则是在19世纪70年代由美国卫生部、教育部和社会福利部共同开展的，这次调查项目的主持人是佛罗里达州立大学心理类型应用研究中心的一位临床心理学家。

在开展追踪调查以前，19世纪50年代的最初调查结果就表明：不同人格类型学生的自我选择存在显著差异。与其他专业相比，医学专业的学生大多属于内倾型（I）、直觉型（N）、情感型（F）和感知型（P）。这些人格类型的概率分布差异是在意料之内的。一位内科医生也可以同时是科学家或人道主义者，或者三种身份都有。人道主义者的身份能够使内科医生对病人展现出足够的"情感"温暖，而科学家的身份又能满足"直觉"偏好探索未知和解决问题的天性，对"内倾"的偏好保证了医生能够聚精会神地工作，而"感知"的态度则能够令医生在诊断过程中不放过任何可疑的蛛丝马迹。

因此，如果一名正在准备考大学的高中毕业生在四个人格维度上的偏好都符合上述研究，也就是"内倾直觉情感感知型"（INFP），那么他成功考取医学院的概率至少是与此人格类型完全相反的"外倾感觉思维判断型"（ESTJ）学生的四倍。其中，"直觉"（N）与"情感"（F）的组合显然是个体学习医学的动机来源，因为医学正是通过解决问题来帮助他人的学科。

最不容易对医学产生兴趣的"外倾感觉思维判断型"（ESTJ）个体是典型的商务人士，根据 AVL 价值观研究的结果，这四种人格偏好都与经济利益密切相关。当然，医疗行业丰厚的经济回报也会引起 ESTJ 型个体的兴趣，但医疗工作本身的科学性和人文性还是会令他们避而不及。

人格类型似乎也会对医学院学生的退学率产生影响。"外倾判断型"（EJ）和"内倾感知型"（IP）个体的主导心理功能都是"判断"，而"外倾感知型"（EP）和"内倾判断型"（IJ）个体的主导心理功能都是"感知"。在抽样调查的样本中，我们发现个体的主导心理功能（判断和感知）与退学率之间存在相关关系。尽管主导心理功能不同的学生在医学专业招生考试中的成绩均值是一样的，但在入学以后，感知型学生的退学率为 3.1%，而判断型学生的退学率则为 5.0%。这也许是因为感知型学生对自我和职业的了解更加准确，做出的选择也更加合适，因此出现考试失败或者退学的概率相对更低。在医学院，退学率最高的人格类型是"外倾感觉思维判断型"（ESTJ），而这一类型学生的比率也是最少的。

与医学院其他类型的学生相比，ESTJ型学生成为全科医师的比率很高，尽管他们看上去并不是乐于奉献的家庭医生的理想人选。在第一次追踪研究开始之前，我们就在1962年出版的MBTI手册中指出：偏好"感觉"（S）和"情感"（F）的热心的人很适合成为全科医师；偏好"直觉"（N）和"情感"（F）的洞察力强的人适合研究精神病学；而偏好"感觉"（S）和"思维"（T）的公正客观的人则适合成为外科医生。事实上，医疗工作者的人格类型分布情况已经证实了这些假设的正确性。因此，"铁石心肠"的ESTJ型的人之所以会选择成为全科医师，可能并不是因为他们热爱这个职业，而是因为他们迫不及待地想要开始挣钱，相比之下，其他的专业则需要至少5年的住院医师经历。

在对不同专业的医学院学生进行第一次追踪调查时，最大的差异出现在感知维度。在整个样本中，53%的学生属于"直觉型"（N），而在精神科、药物研发、神经科、医学教学和病理学专业，"直觉型"（N）的比率分别为82%、78%、76%、69%和68%。在上述这些专业中，"内倾型"（I）学生的比率也很高，但是比"直觉型"稍低。"内倾型"的人喜欢思考复杂的问题，而"直觉型"的人则喜欢解决复杂的问题，因此他们都倾向于选择复杂的医疗领域。

与"内倾直觉"（IN）相对立的人格偏好是"外倾感觉"（ES），ES型学生更倾向于选择外科和妇产科。从事这些专业的医生不仅需要时时刻刻全方位地关注病人的身体状况，而且要有突出的操作能力，而这正是"外倾型"（E）个体的优势所在。在选择妇产科和外科的学生中，"外倾感觉型"（ES）的人数是"内倾直觉型"（IN）的两倍。

感觉型（S）			
感觉思维型（ST）		感觉情感型（SF）	
内倾感觉思维判断型（ISTJ）		内倾感觉情感判断型（ISFJ）	
病理学	1.74	麻醉学	1.76
妇产科	1.46		
精神科	0.44		
内倾感觉思维感知型（ISTP）		内倾感觉情感感知型（ISFP）	
麻醉学 *	2.05	麻醉学	1.84
精神科 *	0.39	全科医师 *	1.40
病理学	0.33		
外倾感觉思维感知型（ESTP）		外倾感觉情感感知型（ESFP）	
外科	1.38	妇产科	1.44
精神科 *	0.25	医学教学	0.43
		精神科 *	0.33
外倾感觉思维判断型（ESTJ）		外倾感觉情感判断型（ESFJ）	
全科医师 **	1.46	儿科	1.51
内科	0.68	精神科 **	0.16
精神科	0.36		
直觉型（N）			
直觉情感型（NF）		直觉思维型（NT）	
内倾直觉情感判断型（INFJ）		内倾直觉思维判断型（INTJ）	
内科	1.42	神经科 *	2.75
		药物研发 **	2.72
		病理学 *	1.99
		内科 *	1.44
内倾直觉情感感知型（INFP）		内倾直觉思维感知型（INTP）	
精神科 **	2.04	神经科 *	2.35
		药物研发 *	1.98

（续表）

直觉型（N）			
		精神科 **	1.84
		病理学 *	1.78
		妇产科	0.44
外倾直觉情感感知型（ENFP）		外倾直觉思维感知型（ENTP）	
精神科 *	1.52	全科医师	0.70
全科医师	0.73		
外倾直觉情感判断型（ENFJ）		外倾直觉思维判断型（ENTJ）	
医学教学	1.69	内科	1.35

表 14-4 各医学专业对不同人格类型的吸引力

（某专业对某人格类型的吸引力 = 该专业中该人格类型出现的实际概率 / 预期概率）

注: * 表示显著性水平为 0.01, ** 表示显著性水平为 0.001, 未标 * 的表示显著性水平为 0.05。

　　表 14-4 是一张人格类型表, 表中列出了对 16 种人格类型具有显著吸引力的医疗科室和专业等。例如, 儿科对"外倾感觉情感判断型"（ESFJ）学生非常有吸引力, 因为他们的"感觉情感"（SF）是倾注在外部世界的, 因此会表现得非常明显。

　　与 ESFJ 在感知维度上相对立的是"外倾直觉情感判断型"（ENFJ）, 这一人格类型的学生多数喜欢在医学院担任全职教学工作。他们对培养下一代很感兴趣, 但主要是关注青年的智力发展, 而非孩子的身体发展。

　　麻醉学对"内倾感觉思维感知型"（ISTP）和"内倾感觉情感感知型"（ISFP）学生的吸引力最大, 他们敏锐的"感觉感知"（SP）能力因为与"内倾"（I）的组合而得以强化, 并能够长时间地将注意力集中在患者身上。麻醉学对于"外倾感觉思维感知型"（ESTP）和"外倾感觉情感感知型"（ESFP）学生的吸引力并不大, 这也许是因为对"外倾"（E）的偏好使其很难长时间地集中注意力。

病理学和药物研发专业对"内倾直觉思维判断型"（INTJ）和"内倾直觉思维感知型"（INTP）学生的吸引力都非常大，这两类学生在三个人格维度上都具有相同的偏好，而这三种人格偏好的组合就决定了他们能够不受干扰地专注于智力活动。虽然没有直接与患者接触，但病理学家和药物研发专家都在处理着与患者性命攸关的问题。

第一次追踪研究并没有调查医学院的学生对自己所选专业的满意度。在第二次追踪研究中，我们调查了不同专业的人员变动情况，并具体了解了各个人格类型中有多少医生转到了与其人格类型更匹配的专业（也就是大部分该类型的医生所选择的专业），又有多少医生转到了与其人格类型不相符的专业。这次追踪调查的结果与奥伯恩大学的新生调查结果完全一致，即与"感觉型"的人相比，"直觉型"的人更清楚什么样的工作更适合自己。

在这些调换专业的医生中，只有54%的感觉型医生调到了与自己的人格类型更匹配的专业，这一比率仅比50%的随机水平高了一点；而在同一时期，则有71%的直觉型医生调到了与自己的人格类型更匹配的专业。与往常一样，"外倾感觉思维判断型"（ESTJ）与"内倾直觉情感感知型"（INFP）医生的表现截然相反。68%的ESTJ型医生转到了与其人格类型更不相符的专业，这表明他们的工作变动可能是受外部环境的影响而不是出于自身的喜好。与此同时，INFP型医生调到与自己的人格类型更匹配的专业的比率则为83%，与其他人格类型相比，INFP型医生更希望能够在工作中充分发挥自己的天分。

最令人欣慰的是一所护士学校的校长所说的一番令人难忘的话。常年的职业熏陶使她看起来非常干练，她一边看着人格类型表，一边认真地听我们解释不同的人格类型。然后，她指着左下角的"外倾感觉思维判断型"（ESTJ）说："这些人适合做行政管理工作。"

她说对了！但她是怎么知道的呢？她应该是看到了组成这个类型的四

个字母，也听到了我们对这四个字母所代表的特质的解释，然后便将这些典型特质组合起来，包括关注外部世界，重视事实并且善于捕捉细节，能够根据因果关系进行判断，并且能够当机立断，而这些正是从事行政管理工作所需要的。

在理想的团队中，所有的团队成员都会为了共同的目标而努力。此时，团队成员之间的人格差异就是宝贵的财富，不同特质的团队成员可以相互取长补短，各自负责不同性质的工作并且都乐在其中。某个成员也许对某项工作毫无兴趣或者感到费解，完成的效果也总是差强人意，而另外一个与他类型不同的成员也许就对此兴趣盎然，做起来也得心应手。一个人在不适合的工作岗位上可能表现得一塌糊涂，但在合适的岗位上肯定会出类拔萃。举例来说，"内倾直觉型"（IN）的人会在脑子里思考某种可能性，而"外倾直觉型"（EN）的人却会用实际行动来验证某种可能性，可一旦EN型个体的想法得到了验证或者问题得到了解决，他们就很难再继续深耕下去。相反，"感觉型"（S）的人则更愿意为了切实可见的目标而奋斗，他们会全面地考虑可能会影响目标实现的种种因素并一一做好对策。

"思维型"（T）的人非常善于处理与人无关的客观问题，而这类问题往往是可以通过外力强制解决的。"情感型"（F）的人则善于处理人际问题，他们总能通过自己强大的情感功能来赢得他人的合作意愿。"感觉判断型"（SJ）的人非常适合从事有明确规章制度和办事程序的工作，但"直觉感知型"（NP）的人却对这种工作深恶痛绝，因为在这样的工作中，他们根本无法自由地追随自己的直觉，去探索他们感知到的各种可能性。

因此，一个团队如果包含不同人格类型的成员，就能够更加愉快高效地完成各种任务。但是，在应该做什么、怎么做，以及是否值得做的问题上，不同人格类型的成员之间也很容易产生分歧。这些分歧的存在是很自然的，偏好不同感知方式的个体会看到事物的不同侧面，而偏好不同判断方式的个体也会因此做出不同的决策。如果这些分歧得不到有效解决，整个团队的士气和效率就会大打折扣。此时，无论这份工作有多合适，个体都不会感到满意。

如果团队成员们都能认识到，要想圆满地解决问题、完成任务，各种各样的感知和判断方式都是非常必要的，那么团队的士气和效率就能够得到保持。对于个体来说，在试图解决某个问题时，可以尝试同时采用四种心理功能：利用"感觉"（S）来搜集信息、了解现状，利用"直觉"（N）来寻找可能的解决办法，利用"思维"（T）来分析不同的方法可能获得的结果，利用"情感"（F）来判断团队中的其他成员对这些结果的接受程度。但这种做法对个体来说并不容易，因为个体不偏好也不常用的那些心理功能往往不太成熟，因此效果也不太理想。但是，一个理想的团队就应该尽量包含分别擅长这四种心理功能的成员，通过不同成员间的配合来实现整个团队的平衡发展。

如果充分考虑每个成员的特点和以往的贡献，团队的负责人就能够做出更加明智的决策。通过分析每个成员在以往工作中表现出的优势和劣势，负责人就可以在未来的团队合作中安排不同类型的成员相互取长补短。对团队成员不同特质的充分尊重，不仅能够有效地促进团队的和谐共处和高效合作，而且能够帮助个体正确地认识并提升自身的弱势心理功能。

不同人格类型的个体之间进行交流的难度要比想象中大很多。同样的一句话，一种类型的个体可能觉得既清晰又合理，但另一种人格类型的人可能会觉得根本不通。在了解了彼此的人格差异之后，一对夫妻非常自豪地说："如果连续争论了15分钟还没有结论，我们就会回到原点，重新陈述彼此的观点。然后我们就会发现，其实我们讨论的根本不是同一个东西！"

要想进行有效的交流，我们就必须认真地倾听、理解，并且不带任何偏见。如果认为对方讲的东西无关紧要，我们自然也就不会认真倾听。因此，在开始谈话前，我们应该首先明确主题，表明谈话内容的重要性。当然，不同人格类型的人关注的东西是不同的，但在阐述一个好点子时，我们还是可以根据不同听众的不同特质来设计不同的表达方式。"感觉型"（S）的人更重视客观事实而不是潜在的可能性，因此我们应该先陈述相关事实，再提出解决方案；"直觉型"（N）的人则希望在了解事实之前，先听到有趣的可能性；"思维型"（T）的人喜欢有头有尾且逻辑清晰的陈述方式，他们非常重视结论；而"情感型"（F）的人则格外关注与人有关的各种情况。

如果在沟通过程中激起了对方的敌意，那么即便对方认真地倾听和理解了我们的意图，我们也很难达成自己的目的。"思维型"（T）的人最容易被激惹，因为他们习惯以批判的态度看待问题；"情感型"（F）的人也经常会觉得自己有必要去反击看上去不太对的事情。任何攻击性的语言都会不同程度地引发敌对情绪，并导致同事之间产生分歧，进而导致团队无法齐心协力地解决问题。因此，当我们不同意对方的意见时，不应该一味地指责对方提出的方案的缺陷，而应该强调眼前的问题还有哪些方面需要考虑。如此一来，对方就能够冷静地考虑我们的意见而不会觉得颜面尽失，也更有可能改变或完善自己的方案。在一个团队中，无论大家是否了解彼此的人格类型，这种沟通方法都是非常有效的。

第四部分

人格类型的动态发展

第十五章　人格类型与自我成长

　　人格类型发展的关键在于感知与判断的发展，以及个体对这两种心理功能的使用方式。如果个体的感知和判断心理功能都发展得非常成熟，那么个体的成长就会简单很多。根据定义，感知功能发达的个体在任何情况下都能够准确地看到事物的各个方面，而如果个体的判断功能也同样发达，他就能做出正确的决策并加以执行。无论一个年轻人遇到什么样的麻烦，只要他拥有良好的感知和判断功能，必然能够找到成熟有效的方式来解决问题。因此，对人格理论和相关的人格研究进行系统的梳理，分析这些理论和研究能够在哪些方面促进个体的能力发展是非常有意义的。

　　不同人格类型的根本差异在于，它们最具发展潜力的感知和判断功能是不同的。个体在不同人格维度上的偏好是天生的，我们不应该试图改变它们，否则个体的自我成长就会受到阻碍。我们了解人格类型是为了更好地鼓励并帮助个体遵循自己的天性，并在属于自己的道路上最大程度地发挥出自己的潜力。

　　人格类型的相关研究已经证明，不同人格类型的个体在兴趣、价值观和需求上都是不同的。他们的学习方式不同、理想抱负不同，对于不同奖励的反应也不同。我们目前的教育体制对于某些类型的学习来说是有利的，但也有很多学生并没有在现行的教育体制中获得充分的成长。

　　人格类型理论与相关的人格研究对于个体成长的帮助可以从以下两方面来考虑。首先，我们应该研究在实际生活中，不同人格类型的人的动机分别是什么。我们越是了解个体最在乎什么，就越能够预测他们会树立什么样的人生目标，以及未来他们会把自己的精力投注在什么方面。其次，我们应该研究个体从出生到成年的一般发展规律，进而确定什么样的环境更能促进个体的感知与判断能力的发展。

范·德·霍普在他的研究中讨论了不同人格类型的发展阶段，但他并没有明确地界定这些阶段对应的年龄。

所有的人格类型在发展过程中都有一个简单的开端，此时，个体的优势心理功能刚刚崭露头角，这些功能的应用模式虽然还没有确定，但已经初步显现出了基本的偏好。在下一个阶段，个体的主导心理功能开始形成，对各种应用模式的掌控也逐渐加强。此时，一切不符合主导心理功能的因素都会被压抑。有些人还会继续发展到更高的阶段，他们的非主导心理功能也会得到一定的发展，并作为主导心理功能的补充，因为人性完整而充分的释放，他们的典型人格特质也会一定程度上得到修正。

范·德·霍普所指的最后一个发展阶段，只表现在那些充分发展了自己的人格特质以后还在不断进行自我完善的人身上。在发展自我人格特质的过程中，他们也勇敢地直面自身的人格缺陷。在保持自己人格中的优势心理功能的同时，他们也凭借良好的自我认知，及时发现并努力培养自己原本忽视、排在第三或第四的劣势心理功能，并最终超越了自我人格类型的限制。这种超越当然是好事，但如果在此之前，个体并没有充分发展自己最具潜力的感知和判断功能，那么就可能偏离自己的人格发展轨道，并导致不良的后果。

人格类型的发展在个体很小的时候就开始了。研究假设普遍认为，个体的人格类型是天生的，就像个体天生偏好使用左手或者右手一样。但是，个体的人格类型能否顺利发展，从一开始就会受到环境的显著影响。

个体最根深蒂固、最早出现的人格偏好，应该是对"外倾－内倾"（EI）的偏好。即便是刚出生的婴儿，也会表现出对社交或者沉思的不同偏好。

有一对双胞胎姐妹，她们的成长环境完全相同，但人格类型却不一样，她们对外倾和内倾的不同偏好就明显地证明了这一点。因为内外倾偏好不同，她们的需求自然不同。外倾型孩子需要行动、人群、变化、交谈，她希望自己的身边充满各种声音，她接触什么，就会受到什么影响，她对这个世界的了解完全取决于她对这个世界的接触有多少。内倾型孩子也会接触到这些东西，但在数量上要少得多，太多的外界干扰会让她精疲力尽。她需要一个人安静地独处，并思考自己感兴趣的东西。为了获得安全感，她需要知道这个世界运作的原理，尽管在父母看来，她年幼的大脑还无法理解这些复杂的原理。与一个毫无关联的离散的世界相比，一个彼此关联的凝聚的世界更能让她感到心安。

个体的"思维－情感"（TF）偏好与各种家庭矛盾密切相关，并且也会在生活的早期阶段有所表现。一名6岁的"情感型"（F）男孩在与一名5岁的"思维型"（T）男孩相处了一周后难过地说："他难道就不会考虑别人的感受吗？"事实确实如此，思维型的人根本不明白为什么要考虑别人的感受。即便只有2岁，思维型的人也会按照理性而非喜好来做事。而情感型的人则从小就会根据主观喜好而非逻辑思维来做事。要想影响思维型或者情感型的人，就要利用他们感兴趣的东西来打动他们。如果没有人对一个"外倾情感型"（EF）孩子表示赞赏，他就会做出各种奇怪的行为来吸引人们的注意并与人们接触。而如果"思维型"（T）孩子找不到可以思考的事情，他们就会把自己的思考能力用在反驳他人上面，并会因此被贴上"消极"的标签。

个体对"感觉－直觉"（SN）的偏好也会在幼年就有所表现。"感觉型"（S）孩子对已知的事物很感兴趣，而"直觉型"（N）孩子则对未知的事物更感兴趣。"尚未被发现的小人国"就是典型的直觉型孩子会有的想法。幻想剧、童话故事、科幻小说以及各种含义不明的新鲜词汇都是直觉型孩子喜欢的东西，它们极大地激发了这类孩子对未来的兴趣和好奇。但如果直觉型孩子出生在一个只关心事实的家庭中，他们既没有新奇的书籍可以阅读，也听不到任何关于未知事物的有趣谈话，那么他们的人格类型发展很可能会半途而废。

"感觉型"（S）孩子喜欢具体真实的事物。他们会模仿父母"做饭"或者"修补东西"，并会觉得非常满足；他们会不厌其烦地触摸或者摆弄各种东西，不停地拆卸和安装玩具，但对于那些只存在于书本或者其他抽象符号中的事物，他们就显得漠不关心。感觉型孩子知道奶牛不可能跳到月亮上以后，就会觉得《鹅妈妈的故事》（*Mother Goose*）很愚蠢。

当孩子升入七年级以后，他们的人格类型就可以用 MBTI 进行准确地测量了。这时，我们就可以根据 MBTI 的分半信度，来评估某个群体的人格类型发展水平。在计算分半信度时，将测验题目分成相等的两半（通常采用奇偶分组方法，即将测验题目按照序号的奇数和偶数分成两半），然后计算两组题目得分之间的相关系数。相关越高表示测验的信度越高，或内部一致性程度越高，也就证明测验结果越可靠和可信。

尽管目前还没有什么方法可以直接测量某个群体的人格类型发展的成熟度，但分半信度可以间接地反映个体的人格发展与其成熟度之间的关系。我们对成绩差异很大的三所中学的初中学生进行了抽样调查。因为学生人格发展的成熟度是决定其学习成绩的重要因素，因此，这三所中学的学生就代表了三种不同的人格发展成熟度。三个学生样本的 IQ 均值都超过了平均水平，此外，在"外倾-内倾"（EI）和"判断-感知"（JP）维度上，这三个初中生样本的平均信度也都与备考大学的高三学生基本形同，这说明个体的"外倾-内倾"（EI）和"判断-感知"（JP）偏好早在初中时就已经确定了。

但是，在"感觉-直觉"（SN）和"思维-情感"（TF）维度上，这三个抽样样本却表现出了有趣的差异。第一个样本来自以后准备考大学的初一学生，他们的 IQ 都在 107 以上，但他们在"感觉－直觉"（SN）和"思维－情感"（TF）上的分半信度都低于备考大学的高三学生。这说明初一学生的感知与判断心理功能此时还没有充分发展，他们需要在五年之后才能够达到更高的水平。

第二个和第三个初中生样本的 IQ 相对更高。第二个样本来自初一到初三所有天资聪慧（IQ 为 120 或以上）的学生，他们的成绩也更优秀。尽管还是初中生，但这一样本在"感觉－直觉"（SN）和"思维－情感"（TF）上的分半信度都与备考大学的高三学生相似。这说明，他们的感知和判断心理功能都有了超前的发展。

尽管也可以认为，第二个样本之所以会在感知和判断维度上表现出更高的信度，是因为他们的智商更高，但第三个样本的结果却否定了这一假设。第三个样本都是 IQ 在 120 以上的初二学生，但他们的学习成绩并不理想。这一样本在"思维－情感"（TF）维度上的分半信度比第一个样本（准备考大学的初一学生）还低。这一现象说明，这些智商虽高但成绩不理想的初二学生的判断心理功能的发展是不成熟的，甚至是有缺陷的。

与简单的生活态度相比，感知与判断心理功能的发展相对缓慢是可以理解的，尤其是判断功能。第一个样本是初一学生，其感知与判断心理功能的发展水平达到了他们这个年龄应该达到的水平。第二个样本是天资聪慧的初中生，他们的标准学业测验（SAT）成绩都很高。要做到这一点，不仅需要具备优秀的智商水平，还需要其他各种能力的全面配合，因此，这一现象也有力地证明了他们的感知和判断心理功能发展水平显著地高于同龄人。第三个样本是成绩不理想的初二学生，他们未能达到原本属于自己能力范围之内的学习要求，这证明了他们的相关心理功能的成熟度是低于正常水平的。

上述研究表明，MBTI 测评在感知与判断维度上的分半信度可以用来评估某个群体相关心理功能的平均成熟度，而老师则可以根据学生心理功能的成熟度来确定最利于他们成长的课程安排和教学方法。

　　上述研究还表明，表现优秀和表现不良的学生的人格类型发展水平存在着巨大的差异，而且这种差异在初中二年级时就会表现出来。

　　我们在后面的章节中会继续讨论这种差异形成的原因。

第十六章　健康的人格发展

每一种人格类型中都有好的例子，也有坏的例子；有幸福的，也有不幸的；有成功的，也有失败的；有君子，也有小人；有英雄，也有罪犯。不同人格类型的人可能会犯不同类型的错误。如果一个内倾型的人违背了道德准则，他很可能是出于愤怒而明知故犯。负责某个项目的"外倾直觉型"（EN）的人和带有预设目标的"外倾判断型"（EJ）的人，都会认同"目的决定方法"（有些目的可能是非常无私的，比如一位重视情感的女性从雇主那里偷取东西赠予穷人）。"外倾感觉型"（ES）的人是最容易犯错误的，他们往往会毫无防备地受到不良环境或者同伴的影响。在一些极端的例子中，ES 型个体的"内倾"（I）或"直觉"（N）丝毫不能发挥作用，他们很难意识到自己应该遵循的基本原则，而他们的判断能力也形同虚设，根本无法警示并约束自己的冲动。

正如我们在第九章所描述的，任何人格类型的个体都具备人类的一般行为模式，但每一种人格类型的独特优势只有在个体的人格充分发展以后才会表现出来，否则的话，除了继承自己所属的人格类型的缺陷，个体将一无所获。

人格健康发展的要素

在正常的人格发展过程中，孩子往往会频繁地使用自己偏好的心理功能，并使其越发成熟，而与之相对立的心理功能则会备受冷落。渐渐地，孩子便能够自如地掌控自己所偏爱和熟悉的心理功能，同时也具备了与之对应的人格特质。因此，个体的人格类型是由其最常用、最信任也最强大的心理功能所决定的。

尽管个体所偏好的心理功能也可以独立运作，但如果缺乏其他心理功能进行平衡，这些优势心理功能就无法对社会产生有利、安全的影响，最终也很难促进个体自身的发展。

个体的主导心理功能也会有一定的盲区，因此需要辅助心理功能的配合来处理这些盲区的事务。如果个体的主导心理功能属于判断维度，那么辅助心理功能就必须在感知维度上进行补充，反之亦然。如果个体的主导心理功能是内倾的，那么辅助心理功能就需要是外倾的，以便帮助个体应对外部世界，反之亦然。

因此，健康的人格发展需要两个要素。首先，个体要同时具备发达的感知和判断功能，最发达的作为主导心理功能，次发达的作为辅助心理功能；其次，个体要同时具备对外倾和内倾两种态度的使用能力，并以其中一种态度倾向作为主导。

当这两个条件同时具备时，个体的人格发展就能够保持平衡。在人格类型理论中，"平衡"并不意味着两种心理功能或者两种态度倾向是完全对等的，而是说当其中一种优势心理功能或态度倾向作为主导时，另外一种相对较弱的功能或态度作为辅助，为前者提供有效的帮助。

这种辅助的必要性是显而易见的。没有判断的感知是无力的，而缺乏感知的判断则是盲目的。纯粹内倾的人是不切实际的，而纯粹外倾的人往往是肤浅的。

此外，个体的任何一种心理功能或态度必须从属于另外一种心理功能或态度，只有当个体从一组相互对立的心理功能或态度中做出选择时，被选择的一方才能够得以发展。

选择的必要性

发达可靠的感知与判断能力源于个体的自主选择。个体需要从对立存在的一组心理功能中选出一种加以运用，同时将另外一种暂时"关闭"，只有这样，被选择的心理功能和态度才能获得发展的机会。

同时发展自己的"感觉"（S）和"直觉"（N）功能就像同时收听两个频率一样的广播节目一样。如果耳边有"感觉"（S）的声音，个体就无法听到"直觉"（N）的内容，而当收听"直觉"（N）的内容时，也就不能获得"感觉"（S）的信息。如果这两种感知功能都断断续续，个体也就很难对其中任何一种功能提起兴趣并保持关注。

同样，如果个体不在"思维"（T）或"情感"（F）中做出选择，也就无法将自己的注意力集中在任何一方上。如此一来，在做决策时，个体就会在两种判断功能之间不停摇摆，而任何一种判断功能的发展水平都不足以有效地解决任何问题。

在学会区分这四种心理功能之前，很多年幼的孩子对它们的使用几乎是随机的。有些孩子很晚才意识到这些心理功能的不同之处，而有些人直到成年也没有发展出成熟的人格，他们的心理功能几乎停滞在童年水平，根本无法进行任何成熟的感知和判断。而即便是正常发展的成年人，也只有偏好且经常被使用的两种心理功能才会不断发展并保持高效，另外两种不常用的心理功能相对来说也是不成熟的。

两种常用心理功能的地位差异

在个体常用的两种心理功能中，其中一种负责感知，另一种则负责判断，两者并没有冲突，因此是可以同时发展的。尽管这两种心理功能可以相互补充，但它们依然存在地位差异，其中一种心理功能处于主导地位，另一种功能则退居其次，处于辅助地位。

主导心理功能的地位高高在上，不会受到其他心理功能的威胁，同时也是个体人格稳定的基础。每一种心理功能都有自己的目标，而要想顺利地发挥出自身的价值，这些目标就必须如荣格所说是"清晰明确的"。不同的心理功能会将个体引向不同的发展方向，因此，个体的主导心理功能必须保持不变，否则的话，个体就会迷失方向。

因此，在两种常用的心理功能中，只能由其中一种担任"将军"并处于主导地位，而另外一种则作为"助手"处于辅助地位，负责处理"将军"无暇估计、不太重要但又必须完成的事务。如果"将军"是判断型的，那么"助手"就应该充分发挥感知功能，为"将军"的判断提供充分的依据；而如果"将军"是感知型的，那么"助手"就需要及时做出决策来践行"将军"的想法；如果"将军"是外倾型，那么"助手"就要懂得在内部世界运筹帷幄；而如果"将军"是内倾型，那么"助手"就要善于奔赴外部世界采取行动。

如果"将军"是外倾型，那么人们就能直接面见"将军"并与其商讨各种事务，与此同时，"助手"则深藏幕后很少露面，因此人们很难对"助手"的能力做出评价。而如果"将军"是内倾型，那么他往往在营帐内处理各种军机要务，而"助手"则在外面代为洽谈各种事务。如果这位在外应酬的"助手"足够能干，那么就不必麻烦"将军"亲自出面，但如果"助手"办事不力，那"将军"就不得不亲自出马了。

辅助心理功能发展不良的后果

除了要选出两种心理功能作为主要发展对象，个体还要在它们之中确定一种作为主导心理功能。要想保证人格的健康发展，个体就需要充分利用自己所选择的心理功能。个体往往会忽视自己的辅助心理功能，尤其是"外倾型"（E）个体，他们一直使用自己的主导心理功能来应对外部世界，可能会忘记自己还需要一种辅助心理功能。

外倾判断型（EJ）

如果没有良好的感知功能进行辅助，"外倾判断型"（EJ）个体很难意识到自己的不足之处。在缺乏相关信息的前提下，他们会草率地做出错误的决定，而且事后也"感知"不到是因为自己的失误才导致了眼前的糟糕局面。EJ 型的人不懂得辨别决策的好坏，他们可能会自以为是地干涉他人的事情，并连累他人付出不必要的代价。

EJ 型的人很难觉察到个体或者事件的具体特征，他们只能根据自己的偏见、习惯、刻板印象或者大众偏见进行假设。他们生活在陈旧的观念中，总是根据这些陈旧的观念来处理眼前的问题，并因此获得安全感。如果需要解决的问题没有超越这些范畴，他们就能一如既往地果断决策。但如果问题不符合自己的假设，需要重新搜集信息进行判断，他们就会茫然失措。

外倾感知型（EP）

如果没有良好的判断功能进行辅助，"外倾感知型"（EP）个体就会陷入与 EJ 型的人截然不同的另外一种麻烦。他们不知道怎么做最好，于是干脆什么都不做。或者他们知道自己应该做什么，但就是提不起兴趣，结果什么都没做。再或者，他们知道不应该做什么，但心里就是想做，结果一发不可收拾。而通常情况下，他们根本就不屑于考虑自己是否应该有所行动。当然，EP 型的人一般都颇有魅力，很讨人喜欢，但是因为缺乏判断能力，所以在面对困难的时候，他们往往选择逃避而非果断处理。因此，对他们来说，工作是很麻烦的事情。

内倾型（I）

"内倾型"（I）个体需要用辅助心理功能来应对外部世界，因此，他们的辅助心理功能的发展水平要比"外倾型"（E）个体好很多。如果没有辅助心理功能，他们就会非常痛苦并且举步维艰，他们在外部世界的所有行为都会显得笨拙不堪而且毫无效率。而如果他们的辅助心理功能存在缺陷，那么与"外倾型"（E）个体相比，即便他们在思维能力上具有一定的优势，但在需要采取行动的外部世界还是处于劣势。有些"内倾型"（I）个体的辅助心理功能虽然发展的不错，但他们却不懂得如何在外部世界施展这一功能。在这种情况下，他们的内心虽然是平衡的，但在外部世界的表现却不甚理想。

人格健康发展的好处

一旦具备了人格健康发展的各种要素，个体也就获得了巨大的优势。很多例子都告诉我们，人格的健康发展与个体的效率、成就、幸福和心理健康都密切相关。

个体的人格发展水平不仅会影响具体人格特质的价值体现，还会影响个体的智力发展。在某种程度上，个体的人格优势是可以弥补自身的智力缺陷的。如果个体的人格发展非常健康，那么即便智力平平，也能够凭借自己的人格优势取得卓越的成就。而如果个体的人格发展存在诸多缺陷，尤其是缺乏足够的判断能力，那么即便拥有超群的智商，也依然无法弥补自身的缺陷。一个无法做出准确判断的人，自然也就无法在恰当的时候将自己的智力运用在恰当的事情上。

需要特别指出的是，"内倾型"（I）的人如果能够充分重视并且利用自己的辅助心理功能，就能够更好地促进人格的平衡发展，并因此获得更高的生活满意度。

如何促进人格的健康发展

要想促进人格的健康发展，个体就必须从相互对立的心理功能中选择其一，并有目的地勤加使用。在确定自己的选择之前，个体首先要学会区分这些对立的心理功能，并根据自己的亲身体验来判断哪些心理功能和态度更符合自己的兴趣和目的，进而选出最适合自己的那种心理功能。

接下来，个体就要学会正确地使用自己所选择的心理功能。一般来说，"感觉"（S）适合用来观察和了解事实；"直觉"（N）适合用来发现新的可能性并将其付诸实践；"思维"（T）最适合用来分析各种行动方案可能导致的不同后果，并根据这些分析做出相应的选择；而"情感"（F）则适合用来判断自己和他人的价值取向。

个体也可能会错误地使用自己所选择的心理功能。比如，沉溺于"感觉"（S）的人可能会逃避问题，总是心不在焉、敷衍了事；迷信"直觉"（N）的人总是妄想找到轻而易举就能解决问题的神奇方法；崇尚"情感"（F）的人坚信某人永远都是明察秋毫、无可挑剔的；而惯用"思维"的人一旦听到有人反对自己就会不由自主地反唇相讥。在这些行为中，个体虽然使用了自己之前选出的心理功能，但这些功能并没有发挥任何价值。

在练习使用不同的心理功能时，个体往往会发现其中一种心理功能用起来最得心应手。比如，有些人使用"感觉"（S）或者"直觉"（N）的时候觉得最舒服，而使用另外两种判断心理功能时，总觉得有些别扭。典型的"外倾感知型"（EP）的人最容易出现这种情况，这说明他们的判断能力不够成熟。

对于典型的"外倾感知型"（EP）个体来说，要想获得健康的人格发展，首先必须充分认识到自己总是以"感知"的态度面对一切，并且非常欠缺判断能力。因此，面对外界的新环境、新人物或者新想法，他们的反应总是异常强烈。因为没有清晰的原则和目标作为引导，所以 EP 型的人往往缺乏毅力和方向。他们就像顺风疾驰的帆船，遗憾的是，船长却忘了放下稳向板。

稳向板就代表着判断能力，代表着个体遵循稳定的标准做出选择的能力。如果个体根据"思维"（T）进行判断，那么他所遵循的就是客观标准；如果根据"情感"（F）进行判断，那么他所采用的就是非常个人化的标准。无论偏好哪种判断方式，只要个体所遵循的标准是成熟的，就能够顺利地实现自己的长期目标。

因此，如果你是典型的"外倾感知型"（EP）人格，就需要识别并建立自己的判断标准，并根据这些标准进行选择和判断，然后再根据自己的判断采取行动。

如何建立自己的判断标准取决于你对"思维–情感"（TF）的不同偏好。如果你偏好"思维"（T），那么即便没有亲身体验过，你也会自然地觉察到事物之间的因果关系。稍加努力之后，你也许就能分析出为什么你的生活中发生了某些不如意的事情，以及自己的失误在哪里。你甚至能够准确地预测出自己当下的行为会带来什么样的后果。

如果偏好"情感"（F），你就需要有意识地梳理一下自己的情感价值取向。情感判断遵循的是个人的价值观，不同的价值观对不同事物重要性的排序是不同的。在采取行动之前，你需要先权衡一下这一行动所支持和违背的价值观分别是什么。如果每次决策时都能够做长远考虑，选择那些长远来看最符合自己价值观的行动方案，那么你一定能做出令自己满意的选择。

当然，谁也没有权力为人们的价值观设置标准。在选择工作时，你更注重舒适还是自由？你愿意选择安全感，还是毫无保障的不确定的机遇呢？你是否认为人应该吃饱穿暖，并享受良好的教育、医疗、娱乐和激励？你是否愿意为此而奋斗？在与人交往时，你希望人们倾慕你的魅力，还是希望人们信赖你的真诚？如果此时要决定如何安排接下来的十分钟，你愿意开始新的任务，还是坚持把手头的事情做完？生活中的每一个问题都需要答案，而关乎自己的问题，也只有自己才知道答案。

第十七章　人格发展的障碍

　　不同人格类型的差异表面看来是兴趣不一，但深究之下，这些差异其实来源于不同类型的个体天生不同的发展倾向和人生目标。如果个体的人格朝着既定的方向健康发展，那么个体不仅能够高效地进行工作和生活，也能获得心理上的满足和稳定。反之，个体的能力发挥和幸福都会受到影响。

　　如果个体的人格发展方向完全取决于环境，那么，只要创造良好的环境就可以高枕无忧。事实上，人格发展的一大障碍恰恰来自于环境的压力。

环境压力

　　人格发展的完美模式就是，个体从生命伊始就处于一种鼓励人格类型自由发展的环境中。但是，如果环境与孩子天生的发展倾向冲突，那么孩子就会被迫发展并不适合自己的心理功能和态度，这样一来，孩子天生的人格类型就会被改变，作为环境的受害者，他们就这样失去了自我，沦为一个残破混乱的复制品。在个体的成长过程中，最初的人格改变越大，日后的自我实现就越难达成。荣格曾指出："作为一种规律，当个体的人格类型因为外部环境的影响而改变，个体在未来出现神经症的可能性就越大。人格的强制改变会对个体的生理和心理造成双重危害，甚至会引发枯竭状态。"

　　假如有些人并没有天生的人格类型发展倾向，他们就可以无条件地接受外部环境的任何改造，并按照环境的要求去发展特定的心理功能和态度。

在西方社会，男性一般都偏好"思维"（T），女性则偏好"情感"（F），而且男女两性都具有明显的"外倾"（E）性，并且都习惯以"判断"（J）的态度看待事物。在这种情况下，环境压力作用的主要对象似乎就是"感觉"（S）。因此，当个体像一张白纸一样来到这个世界时，他们很可能被社会印上"外倾感觉思维判断型"（ESTJ）或"外倾感觉情感判断型"（ESFJ）的标签。这也许可以解释为什么在西方国家，很多人都是 ESTJ 或 ESFJ 型。

与上述观点不同，人格类型理论则认为，ESTJ 和 ESFJ 型的人格特质就决定了这两种人格类型的个体天生就倾向于接受并遵循大众的观点。所以，这两种人格类型在人群的比率偏高也许是当前社会盛行唯物主义的原因而非结果。

个体对自己的人格类型缺乏信心

如果个体发现自己的人格类型在人群中所占的比率不高，他们的人格发展就会受到阻碍。在人群中，"外倾型"（E）个体的人数也许是"内倾型"（I）个体的三倍，而"感觉型"（S）个体的人数则是"直觉型"（N）的三倍。尽管在接受高等教育的人群中，"内倾直觉型"（IN）个体的比率很高，但在小学和中学，IN 型的人大约只有总人数的 1/16（见本书第三章表 3-3 和表 3-5）。人们普遍认为与众不同是一种缺陷，如果 IN 型的人也抱有这样的观念，他们就会丧失对自我人格类型的信心。他们不信任自己偏好的心理功能，也不愿意使用这些功能。如此一来，他们天生偏好的心理功能就很难充分发展，也很难展现出自身的价值。这些 IN 型的人就这样失去了信赖并充分发展自身人格类型的机会。"内倾感觉型"（IS）的人在人群中所占的比率虽然比 IN 型略高，但他们也很容易遇到类似的问题。

家庭对个体的人格类型缺乏认可

如果父母充分理解并接受孩子的人格类型，那么孩子就拥有了人格发展的立足点，就可以放心地在家庭中做真实的自己。但如果孩子觉察到父母并不认可他们原本的人格类型，而是希望他们有所改变，那么孩子就会丧失希望。

如果父母稍微懂一些人格类型的知识，他们就不会把"内倾型"（I）孩子逼得喘不过气。而在学习应对外部世界的必要技能时，"内倾型"（I）孩子也会因为相信自己可以随时回到自己喜欢的内部世界而不再充满畏惧。面对家人的不理解和不接受，即便是成年人也会动摇对自己人格类型的信心，更不用说心性未定的孩子了。

缺乏机会

有些个体往往没有机会使用自己偏好的心理功能或态度，这也是阻碍人格健康发展的一大因素。因为缺乏相关的人格类型常识，父母经常会无视孩子健康发展的必要条件，于是我们就会看到，"内倾型"（I）孩子没有安静的环境和个人隐私；"外倾型"（E）孩子没有机会与人接触；"感觉型"（S）孩子只能从书本上学习知识而没有机会亲身体验；"思维型"（T）孩子从来听不到合理的理由，也没有机会争辩；"情感型"（F）孩子生活在一个并不和谐的家庭中；"判断型"（J）孩子恰好遇上了专横独断的父母，于是他们从来没有机会做出自己的决定；而"感知型"（P）孩子则被父母严加看管，很少有机会到处走动以进行探索发现。

缺乏动力

缺乏动力也会阻碍个体的人格发展。成长是一个漫长的过程，孩子只有全力以赴地试着把事情做好，才能有效地锻炼自己的感知和判断能力。

当孩子开始在乎自己的表现时，他们就会尝试从更多的角度来看待问题或者环境。这时，他们就会最大限度地施展自己的感知能力。如果他们偏好的是"感觉"（S），就会努力搜集事实；如果偏好"直觉"（N），就会努力寻找各种可能性。但无论如何，他们的感知能力都会得到发展。在充分掌握了相关情况后，他们就需要选择最佳的解决方案了，而这一过程锻炼的正是他们的判断能力。如果偏好"思维"（T），他们就会理性地分析各种方案可能产生的结果；而如果偏好"情感"（F），他们就会权衡相关人员（包括他们自己和他人）的价值取向。事实上，上述任何一种方式都会促进判断能力的发展。

当然，除非孩子能够找到非把某件事情做好不可的理由，否则上述所说的情况就不可能发生。而这就是最基本的动机问题。

第十八章　儿童的人格发展动机

　　有些人的生活幸福而高效，有些人的生活却悲惨而混乱，这两种人的区别是显而易见的。而造成这一区别的关键就在于他们做出的判断的质量。如果良好的判断能力意味着个体能够做出最佳的选择并按部就班地实施，那么，那些生活幸福的人所做出的选择总体来说肯定没有问题，相反，那些生活悲惨的人必然总是做出错误的选择。

　　要想获得良好的判断能力，个体在生活中必须时刻努力发现并做出正确的行为。因此，儿童的判断能力能否发展取决于他们如何应对生活中的各种问题和不如意。如果一个孩子总是逃避责任、坐以待毙，那么他的人格发展就会停滞；相反，如果一个孩子愿意直面困难并且全力以赴，他的人格就会取得显著的发展。

　　越是愿意直面困难的孩子，越是能够更好地面对并解决困难，并因此发展出日益成熟的人格。而那些习惯逃避问题且总是坐以待毙的孩子则会发现，随着年龄的增长，自己的处境变得愈发困窘，生活施加给他们的要求和责任越来越重，而他们解决问题的能力却丝毫没有长进。要想获得人格的成熟，个体就必须克制自己当下的冲动和欲望，为了更长远的目标而不懈努力，这是一个十分艰难的成长过程。相反，人格的退化却非常简单，个体只需要随心所欲地做自己喜欢的事情就好。人格发展不完善的个体往往更愿意纵容自己做喜欢的事情，他们很少会努力克制自己的冲动。任何人的人格在生命之初都是不成熟的，要想让孩子走上健康的人格发展道路，我们就必须不断地激励他们努力上进。

　　我们需要让孩子相信，他们"能够"并且"必须"通过努力获得满足。

如果家长也持有这样的信念，他们就会把这种信念传递给自己的孩子。但家长们必须及早着手，并且要保证孩子准确地理解了"能够"和"必须"的含义。

被溺爱的孩子往往不知道"必须"通过努力才能获得满足。无论是否付出过努力，他们总能得到自己想要的东西。如果家长向耍性子的孩子妥协，孩子就会轻松地得到他们本不应得的东西。这样的孩子完全不曾体会过现实世界的因果关系，他们也不懂得如何用现实世界的标准来判断自身行为的价值，他们甚至不曾意识到这个世界充斥着判断。

因此，被溺爱的孩子往往会把自己的问题归结为外部原因。如果他们不受欢迎或者信任，或者他们的成绩一塌糊涂，他们绝不会想到自己应该努力赢得大家的喜爱或者信任，也不会认为自己应该努力改善自己的处境。任何发生在他们身上的问题都不是他们自身的原因，他们坚信自己是无辜的。既然没有努力完善自我的理由，他们自然不会付出努力，而他们的人格也自然不会发展。

与被溺爱的孩子完全相反的是那些不被关心、不被宠爱、压抑沮丧的孩子。这些孩子不相信自己"能够"通过努力获得满足。当他们发现自己做的任何事情都是错误的、失败的、不受欢迎的，他们就会极力退缩，避免做出任何举动。

被溺爱和被忽视的孩子都缺乏人格发展的必要动力，因此，他们的感知和判断（尤其是判断）都停滞在比较幼稚的水平。随着年龄的增长，他们的身体逐渐发育成熟，而他们的心理却依然幼稚。一开始，这些孩子只是拒绝服从家庭和学校的要求，而现在，他们则难以满足现实世界赋予他们的要求和责任，这一后果几乎是灾难性的。

因此，要想给孩子一个幸运的童年，我们就必须用恰当、简单的方式让孩子明白自己的行为与后果之间的关系。当孩子遵循了某些简单的规则，我们应该带着感知的态度对其报以支持和信任，并对孩子在此过程中可能出现的差错、误解和遗忘报以最大程度的宽容。为了奖励孩子付出的努力，我们应该尽可能地允许他们自由地做出决定。如果孩子故意捣乱犯错，我们应该坚决地提出批评。如此一来，孩子就能在 15 个月或者更小的时候学会尊重各种要求和规则，就像他们会自然且必然地服从重力规则一样。

当孩子认识到做正确的事情会有回报，而做错误的事情则毫无益处时，就会主动地区分自己的正确行为和错误行为。他们会尽力去做正确的事情，即便这些事情在当时看来既不好玩也不有趣。而这便是个体学会判断的开端。

一旦孩子开始努力发展自我并不断成长，他们就会进入良性循环。孩子越是表现良好，就越能得到大家（尤其是家庭成员）的认可，进而就会获得更多有利于自身成长的权利和机会。一般来说，他们做任何事情都会得到理想的结果，如果结果不理想，他们就会反思自己是否做错了什么。因为按照以往的经验，付出就有收获，正确的做法应该会带来理想的结果。如果经过仔细检查依然找不到问题所在，他们也不会担忧，因为经验告诉他们，凡事尽力就好。

如果孩子努力成长，他们就能够及早摆脱父母的权威，这会令他们获得极大的满足感。如果孩子能够持续地独立承担责任，父母就会放心地赋予他们更多责任，如此一来，孩子的成长就会更加迅速。

相反，如果孩子的人格发展始终处于退缩状态，他们就难以承担任何责任，并且会在潜意识中惧怕长大成人。导致个体在成年之后罹患神经症的并不是童年创伤，而是童年时期的溺爱。个体的内疚感或挫败感是人格发展失败的必然结果。对于那些应该努力发展自我人格却选择退缩不前的人来说，那些"不是我的错"的童年经历并不能作为自我开脱的理由。这类个体最终还是需要让人格发展的自身驱力发挥作用。如果他们感到自己其实应该做得更好一些，那么，这种内疚感就会成为促进人格发展的重要动力。在内疚感的驱使和监督下，他们会努力发掘自己应该做的事情，并坚持不懈地做下去。

不幸的是，越是需要付出努力，人们的内心似乎就越是抵触。人格发展良好的个体相对来说更容易觉察到内疚和恐惧的警示并及时修正自己的行为，他们的感知和判断功能正是为了这一目的才不断发展的。但是面对同样的情况，人格发展存在严重缺陷（尤其是判断功能存在缺陷）的个体，就会马上做出抵触反应，他们不仅拒绝付出努力，同时也拒绝承认付出努力的必要性。

他们通常会辩驳说："努力也没有用，因为我根本就做不到。"这种说法不仅包括心理上的自卑，也包括生理上的缺陷，比如现实生活中可能出现的精神病性的失明或木僵。他们也会说："这种事情根本不值得做。"在他们看来，老师讲的都是废话，彬彬有礼的人都在作秀，而努力工作的人都是傻瓜。他们还会说："我按要求做了我需要做的一切，但我并没有得到应得的回报。"怀有这种想法的人也许会声称老师偏心，同伴们拉帮结派，教练从来不给自己机会，老板总是重用亲信，整个体制毫无公正可言。

这样的辩驳会妨碍个体有效地解决问题，他们会在一开始就裹足不前，并且很难意识到自己可能是错误的。如果辩驳成为一种习惯，个体就会彻底放弃努力，而任由自己的人格一路退缩。

但是，我们也可以让孩子从一开始就相信，他们"能够"并且"必须"通过努力获得满足。家长和老师都应该为孩子创造努力的机会，并在他们顺利完成任务之后赋予他们相应的回报，让他们获得满足感。不同人格类型的孩子具有不同的天分和需求，因此在设置具体的任务和回报的时候也要因人而异。

为了避免伤害那些成绩不理想的学生的感受，有些学校取消了对学生的日常考核，这种做法其实是错误的。为了更好地促进学生们的成长，学校不应该简单地放弃对成绩优秀的学生的表彰，而应该丰富考核的维度，除了学业成绩，学校也可以对那些在其他方面（尤其是不依赖"直觉"的方面）表现优秀的学生进行表彰和鼓励。

一位六岁孩子的母亲也意识到了这一点，并且别出心裁地落实了这一想法。她发现，要想让孩子在日后具备优秀的品质，就需要从小开始有意识地培养他。在众多的优秀品质中，她最重视的是"坚持不懈的毅力"，但她的孩子并不喜欢坚持，他只喜欢软糖。于是，当她的孩子一整天都表现出"良好"的毅力时，她就奖励他两块软糖；而如果孩子一整天都表现出"非常好"的毅力，她就奖励他四块软糖。一开始，母亲是孩子的裁判，母亲会代替孩子进行判断，但随着孩子的动机不断增强，他自己就开始注意"有毅力"和"没毅力"的区别了。最终，孩子发展出独立的判断能力，无论做任何事情，他都能做出准确的判断，而这也让他在同龄的孩子中赢得了"可靠"的名声。

孩子在任何事情上的优秀表现都可以促进其人格的发展。正如荣格所说，如果他们能把白菜种好，他们同样是在拯救世界。优秀并不一定是竞争性的，除非孩子就是想超越自己以往的表现，而良好的品质本身并不需要嘉奖。孩子在努力之后获得的满足感本身就是最有效的激励。比如，感觉型孩子获得的额外的乐趣和物品，直觉型孩子获得的特殊的自由和机会，思维型孩子获得的全新的尊重和权威，以及情感型孩子获得的大量的赞扬和友谊。

每当孩子获得满足感，他们就会在人格发展的道路上更进一步。在不断努力做事的过程中，他们会频繁地使用自己的感知和判断功能，因此也就能更好地处理后来的问题。每一次体会到满足感，他们就会更加坚信努力就会有回报。在成人的世界中，每个人都必须付出努力才能得到自己想要的东西，而那些人格健康发展的孩子，早已为此做好了准备。

第十九章　从现在开始

在本书的其他部分完成很久之后，我才开始提笔写这最后一章。在这段时间，我越来越清楚地意识到，理解人格类型对于人们的生活有多么重要。无论个体是在什么时候第一次听说人的两种感知方式和两种判断方式，无论是幼儿、中学生、父母或者祖父母，了解并进一步发展自己的人格类型，都会成为他们人生中最宝贵的经历和收获。

十年之前，我对于人格类型理论还没有如此自信，如果当时我就决定出版这本书，或许就不会有这一章了，而如果没有这一章，读者们可能会觉得人格的发展必须遵循一个特定的时间表，如果个体的人格没有在特定的时期发展到特定的水平，以后就再也没有机会补救了。现在的我已经不再认同这种观点了。只要人们愿意了解自己的天分并学习如何正确地使用自己的天赋，我相信任何人都可以在任何时间获得人格的长足发展。

无论个体处于什么年龄阶段，对人格类型的准确理解都会帮助他们进一步发展自己的人格。正如本书反复说明的那样，个体在意识层面的自主行为要么是感知的结果，要么是判断的结果。任何事情的成功都离不开对感知和判断的恰当使用。在决定如何应对某个问题之前，我们必须先弄清楚问题的本质是什么，以及可选的应对方法有哪些。弄清楚问题的本质是对感知功能的锻炼，而选择具体的应对方法则是对判断功能的锻炼。面对问题，我们必须"先感知后判断"，要做到这一点，我们必须能够正确区分两者的不同之处，并且能够准确地辨别出自己在特定的时刻使用的是哪种功能。我们可以通过日常小事来训练后面这种技能。比如，当我们在半夜醒来听到雨声，我们就会想："天哪，这雨下得真大！"这就是感知，然后我们接着想："我得检查一下窗户有没有关好。"这就是判断。

在感知功能中，"感觉"（S）和"直觉"（N）是两种截然不同的方式，"感觉"（S）是通过视觉、听觉、触觉、味觉和嗅觉等感官直接地感知事物。无论是探寻事实还是随意地观察事物，我们都需要使用感觉。当我们欣赏落日余晖，或者感叹惊涛拍岸，当我们沉醉于速度的酣畅淋漓，或者赞叹人体的精密构造，感觉都在扮演着至关重要的角色。"直觉"（N）则是对超越感觉的事物的间接感知，比如意义、关系和可能性等。当我们阅读、书写、交谈或倾听时，直觉能够将抽象的语言转换为具体的意义，也能够将具体的意义转换为抽象的语言。当我们思考未知的事物，或者期待新的机遇、答案或者灵感时，都会使用直觉。在处理紧急情况时，我们的直觉就会显得格外重要。类似于"能不能"这样的想法，都可以归为直觉；"我明白了"也属于直觉的闪现；而"啊哈"则代表了直觉带给我们的启迪和喜悦。

偏好"感觉"（S）的人会频繁地使用自己的感觉，并逐渐锻炼出极强的观察力和记忆力。感觉型的人对于不同体验和事实的兴趣日益增长，他们往往非常现实、讲求实际、擅长观察、喜欢享乐，并且善于处理错综复杂的现实问题。

偏好"直觉"（N）的人善于发现各种机遇。他们相信，只要带着信心去寻找，就一定能够找到自己想要的机遇。直觉型的人重视想象和灵感，他们总是能够提出新的想法和项目，并且非常善于解决各种棘手的问题。

"思维"（T）是一种基于逻辑的、非主观的判断方式。并不是大脑中的任何想法都可以称为思维，事实上，我们的很多想法都是直觉的产物。思维分析的是事物之间的因果关系，思维会辨别真假。判断的另外一种方式是"情感"（F），情感是一种基于个人价值观的、主观的判断方式。情感可以用来辨别事物是否有价值以及价值的高低，并且会守护情感型的人最重视的东西。尽管情感判断型（FJ）的人非常主观，但他们并不一定以自我为中心。在最佳状态下，他们也可以根据自己的了解和推断去考虑他人的情感。我们要注意区分"情感"（Feeling）和"情绪"（Emotion），事实上，荣格认为"情感"是一种"理性"的心理过程。

思维型（T）的人善于处理纯逻辑性（比如机械）且不涉及任何无常的人性反应的问题。思维型的人往往逻辑清晰、客观公正且稳定不变，他们习惯通过分析和评估客观事实（包括负面信息）来进行决策。

情感型（F）的人则善于处理人际问题，他们往往富有同情心、举止得体，并且乐于赞美他人。在做决策时，他们会习惯性地考虑相关人员（包括自己和他人）的价值取向。

上述四种心理功能，即感觉（S）、直觉（N）、思维（T）和情感（F），是我们与生俱来的天分。无论是解决今天的问题，还是营造美好的明天，都取决于我们如何发展和使用这四种心理功能。

成就卓越自我

每个人都应该弄清楚自己的人格偏好是感觉还是直觉？是思维还是情感？人格类型理论认为，人的偏好是天生的。但正如有些家长会试图纠正天生习惯使用左手的孩子一样，他们也会强迫天生偏好感觉的孩子不断地使用直觉，或者试图将情感型孩子训练为思维型。为了让自己感觉舒适，家长们往往会强制性地改变孩子的人格偏好。我们应该坚决地抵制这种做法，因为这种压力会严重地影响孩子发挥自己的天分。

在决定自己的人生发展方向时，感知型和判断型的人自然会选择最能充分、有效地发挥自己最擅长的心理功能，并且最能给自己带来满足感的领域。当个体通过使用自己最喜欢的两种心理功能出色地完成了某项任务时，这两种备受偏爱的心理功能本身也会得到长足发展。无论做什么事情，个体可能都会忍不住使用这两种心理功能，哪怕有时候并不适合。

在人格发展的过程中，认识到应该在特定的情境下使用特定的心理功能是一个重要的里程碑。没有这种认识，个体就不会关心也不会注意自己正在使用的是哪种心理功能。当个体认识到，在观察和了解事实时感觉比直觉更适合，而在寻找可能性时直觉比感觉更有效，或者认识到思维更适合用来规划工作，而情感更适合用来处理人际时，他们就掌握了在不同场合充分发挥自己人格优势的诀窍。

个体的主导心理功能能够主宰另外三种心理功能并决定个体的主要人生目标，因此，人格的充分发展也就意味着主导心理功能的充分发展。除此之外，人格的发展也离不开个体对辅助心理功能的有效利用。辅助心理功能的充分发展对于个体人格的平衡至关重要，如果个体的主导心理功能是感知，那么辅助心理功能就会在判断方面加以平衡，反之，如果个体的主导心理功能是判断，那么辅助心理功能就会在感知方面加以平衡。最后，要想实现人格的充分发展，个体还需要学会使用另外两种不被偏爱也不太成熟的心理功能。

这些不太成熟的心理功能是我们无法回避的问题。为了解决这一问题，我们不妨将感觉、直觉、思维和情感设想为同一个家庭的四个成员。主导心理功能就像这个家庭的主人，辅助心理功能的地位仅次于主人，两者相互补充，并且互不干涉对方负责的领域。但在大部分情况下，另外两种发展程度较低的心理功能都会提出反对意见，它们会基于不同的感知和判断方式提出完全不同的行动方案。

对这两个反对者的抗议充耳不闻并不能解决问题。把不成熟的心理功能束缚在内心，就像把奴隶囚禁在地牢中，当它们被压迫到一定程度就会突然爆发，并以激烈的反抗形式出现在意识中。当个体努力发展自己偏好的心理功能时，这些不被偏好的心理功能就会一直被刻意地忽视，作为不成熟的心理功能，它们自然也无法提出深刻的见解。

但是，我们也可以像对待年幼的家庭成员一样对待这些不成熟的心理功能，在做决定时，我们也应该允许它们说出自己的意见。如果我们也给它们分配一些力所能及的小任务，并适时地肯定它们的帮助，那么就像孩子会不断成长一样，这些原本不成熟的心理功能也会逐渐进步，并做出越来越大的贡献。

对感知的使用

准确的判断必须建立在准确的感知之上，如果感知到的信息质量不高，接下来的判断也不会准确。我们必须在某些时刻使用感知，在另外一些时刻使用判断，两者的先后顺序是一定的。事实上，只有同时充分发挥感觉和直觉的功能，我们才能做出最可靠的决策。

每一种感知方式都有最恰当、最不可少的用途。在解决现实问题时，感觉所能发挥的最大用途就是对现状和相关事实进行觉察。无论我们偏好的感知方式是感觉还是直觉，都应该努力培养对客观事实的尊重。尽管直觉型的人天生就更关注可能性而不是事实，但如果全凭直觉做事，是很容易铸成大错的。如果无法正确地接受和处理事实，那么直觉所感知到的所有可能性都只能化为乌有。

感觉或直觉如果坚持走向极端，绝不接受对方的帮助，就会落得自讨苦吃的下场。直觉型的人如果认为自己面对的问题并不涉及任何客观事实，或者觉得自己已经掌握了所有情况，或者认为那些自己不知道的情况都是不重要的，那么他们就是在排斥感觉的帮助。

同样，如果感觉型的人相信自己已经掌握了所有的情况，他们也就彻底关闭了自己的直觉，使其无法在意识层面提供任何帮助。习惯这样做的人往往不喜欢突如其来的未知事物，因为他们的安全感是建立在过去的经验之上的。而一旦发生了超越以往经验的未知事物，他们就只能束手就擒任其发展，或者是盲目硬拼。在面对意外威胁时，这两种方法除了徒增压力，并不会起到任何建设性的作用。事实上，在解决未知问题时，最佳的方法就是听从直觉。

对判断的使用

在必要的时候能够直接做出判断是个体应该掌握的一项必备技能。有些人讨厌"判断"这个词，因为它含有独裁、限制和武断的意思。认为判断就是评判他人，其实是一种误解。我们在自己关注的事情中使用判断，是为了对自己的天分、责任和生活做出更好的安排。

有些判断只关乎我们自己，比如对个人行为标准的设定；有些判断则会涉及更广的范围，比如对目标的选择。不同人格类型的个体所追求的目标是不同的。一位内倾直觉思维感知型（INTP）朋友曾写道："对于我这种人格类型的人来说，追求事实是最重要的目标。有时候为了了解真相，我甚至不惜放弃个人的舒适和幸福，为此我自己也惊讶不已。"对于内倾感觉思维判断型（ISTJ）的人来说，通过自己的无私奉献和诚实正直去赢得他人的尊重和信赖才能给他们带来最大的满足。内倾直觉情感感知型（INFP）的人最关注人与人之间存在的可能性，如果他们的沟通和理解对他人有益，他们就会感到非常满足。而对于外倾情感判断型（EFJ）的人来说，友情和亲情才是最重要的。

在大多数情况下，我们在进行决策时，可能需要逻辑（思维），也可能需要变通（情感）。我们总是习惯使用自己偏好的判断方式进行决策，而不考虑这种方式是否适合，这是不对的。如果我们充分了解不同判断方式的优势所在，那么偏好思维判断的人也可以借助情感来增进合作，而偏好情感判断的人也可以利用思维来分析后果。

如果个体更偏好和信任思维，就会拒绝让思维退出并为情感腾出位置，哪怕是暂时退出也不行。而如果个体能够认识到，情感临时出场其实是为了服务于思维，那么这种抵抗就能够顺利化解。思维型个体的逻辑建立在事实的基础上，而情感本身也是一种事实。人们的情感总是会导致各种难以预料的复杂后果，因此思维型的人需要将自己的情感作为重要的诱因，并将他人的情感作为重要的结果。在任何涉及他人的问题上，思维型的人如果能够有效地利用自己的情感，就能够做出更准确、更有效的分析。

同样，如果个体偏好的判断方式是情感，就会抗拒思维对情感价值观的挑战。但是，如果个体意识到思维是服务于情感的，那么他就可能愿意暂时关闭自己的情感。当思维获得机会来预测原定的计划可能导致的不良后果时，个体珍视的情感价值也会得到有效的保护。

人格类型在群体中的表现

当不同人格类型的个体聚集在一起进行群体活动时，我们会很容易发现不同的心理功能在群体活动中发挥的不同作用。比如，感觉型的人往往能够准确地记住各种具体的环境信息，他们会注意到其他人忘记或者忽视的事情。而直觉型的人总能想出解决问题的好办法，并提出新鲜的活动方案。思维型的人经常会对相关的规则提出质疑，他们能够轻易地推翻那些站不住脚的假设，并且能够预见到可能出现的问题，他们会指出计划中存在的缺陷和破绽，并引导大家发现问题的根源。情感型的人重视和谐的氛围，当大家出现严重的分歧时，他们就会努力从中调和，并会照顾到每一种人格类型的人（包括他们自己）最重视的东西。

在群体中，成员之间的人格差异越大，就越难达成一致。但是，由于群体在决策过程中需要考虑的因素更宽广、更深入，因此也更能避免潜在的不良后果。

通过解决问题锻炼各种心理功能

对感知和判断的恰当使用能力可以通过锻炼来提高——生活为我们提供了大量的锻炼机会。当我们遇到问题、进行决策或者处理某些情况时，我们可以有意识、有目的地使用某种适合的心理功能，并同时排除其他心理功能的干扰。对这些心理功能的具体使用顺序为：

- 利用感觉（S）来处理现实问题，保持实事求是的态度，了解真实的情况以及正在采取的措施。某些主观的想法和情绪可能会遮盖事实，而感觉则能够帮助我们避免受到这种不利情况的影响。为了激活感觉，我们可以设想，一个明智、客观的局外人会如何看待当下的局面。

- 利用直觉（N）来发现各种可能性，包括所有可能改变当下局面、我们的视角和他人态度的方法。我们应该抛弃所有的主观假设，不要认为自己所做的一切都是正确的。

- 利用思维（T）来客观地分析因果关系，包括所有可选方案可能产生的结果，无论这些结果是否令人满意，也无论这些方案是否符合我们的偏好。我们应该全面考虑所有的代价，并仔细检查所有可能被掩盖的疑点，比如我们对某人的忠诚、对某物的喜爱或者对某个立场的坚持。

- 利用情感（F）来衡量不同方案产生的得失对我们的重要程度。在进行衡量时，无论当下的回报是否理想，我们都应该尽量从长远考虑，而不是只顾眼前。除此之外，我们还需要考虑他人对于不同结果的情感反应，无论这些反应是否合理。在决定最佳方案时，我们应该考虑的因素还应包括自己和他人的情感感受。

如此一来，我们做出的最终决策就会比以往更加可靠，因为我们充分考虑了相关的事实、所有的可能性、不同方案产生的不同结果，以及相关人员的情感取向。

在这个过程中，各个步骤的难易程度是不同的。当我们使用自己最擅长的心理功能时，总会感到格外愉快，而使用哪些自己不擅长的心理功能时，则会发现问题重重。在一开始，这些问题的出现是很自然的，因为我们无法发挥自身人格类型的优势，不得不勉强使用其他人格类型所擅长的心理功能，而这些心理功能恰恰是我们平时疏于锻炼的。如果面临的问题至关重要，而解决问题所需要的核心心理功能又是我们的弱项，我们也可以去咨询那些天生擅长这一心理功能的朋友，他们也许会从截然不同的角度来看待和分析我们的问题，并帮助我们理解和使用那些一直被我们忽视的能力。

学习在恰当的时机使用自己原本不擅长的心理功能是非常有意义的。这不仅有助于我们更好地解决当下的问题，而且有助于我们更好地应对未来可能出现的问题。

利用人格类型选择职业

如果我们了解自己偏好哪种感知和判断方式，就能更好地进行职业选择。当然，每个人都希望从事轻松有趣的工作，也就是说，我们都希望能够在工作中充分发挥自己最擅长的感知和判断功能，而不是经常勉为其难地使用自己不擅长的心理功能。

在寻找适合自己的职业时，最好先了解那些与自己人格类型相似的人都在从事什么职业（见本书第十四章）。当然，这并不是说其他领域就完全不值得考虑。如果你喜欢的工作与你的人格类型看起来并不匹配，你依然有可能脱颖而出：凭借与众不同的能力和优势，你既可以与其他同事进行互补，也可能在关键时刻挺身而出，引领变革。需要注意的是，在你所处的行业中，如果大多数人的感知和判断方式都与你不同，那么你能够获得的支持就非常有限；你需要充分理解他们的人格类型，并在需要合作的时候耐心谨慎地与之交流。

外部世界和内部世界

在找到了最能发挥自身优势的工作领域之后，我们还需要考虑自己更喜欢在外部世界与各种各样的人和事物打交道，还是更愿意在内部世界安静地思考各种概念和想法。尽管我们的生活会同时涉及这两个领域，但总有一个领域会让我们感到更加自在，也更能发挥出最佳水平。

如果你是外倾型（E），就要确认你所考虑的工作是否有充足的机会与他人打交道；如果你是内倾型（I），则需要确认这份工作是否提供了足够的空间让你专注于手头的任务。

判断态度与感知态度

我们对判断（J）和感知（P）的偏好将决定我们人格类型的最后一个字母。在应对外部世界的各种人和事情时，判断型（J）的人更依赖判断功能（思维或者情感），他们希望规划并掌控好自己的生活，并且把一切都打理的有条不紊。而感知型（P）的人则更依赖感知功能（感觉或者直觉），他们喜欢随机应变、顺其自然，也希望理解并适应生活。

如果你是判断型（J）的人，需要确认你所考虑的工作是有章可循、制度明确的，还是灵活多变、自由发挥的；如果你是感知型（P）的人，就需要粗略估计一下，如果选择了这份工作，你每一天需要做出多少决定。

利用人格类型改善人际关系

感知和判断偏好都相同的人最容易相互理解。他们看待问题的方式相似，得出的结论也相似，他们的兴趣点一致，价值取向也一致。在感知和判断的某一个维度上相同而在另一个维度上不同的人，也能够成为默契的工作伙伴。在某个维度上的相同偏好能够成为两人的共同基础，而在另一维度上的不同偏好则丰富了团队的技能组合。

如果感知和判断偏好都不同的人成为了工作伙伴，他们就会面临各种问题。如果能够彼此尊重，那么他们就能从彼此身上学到很多有价值的东西，否则的话，他们的合作就会乱成一团。作为工作伙伴，他们在感知和判断上都有自己的一技之长。唯一需要做的就是努力理解彼此，并学会发现和利用彼此的优势，相互取长补短。

如果夫妻双方在感知和判断上存在这样的差异，他们的婚姻就会非常精彩，但前提是两人都能认同并喜欢彼此的优点。在所有的人际关系中，婚姻可能是最能体现人性特质的。因此，我们才会用一整章的篇幅来讨论婚姻（见本书第十一章）。

如果将与自己对立的人格偏好视为缺陷，那么任何人格关系都会出现问题。如果家长坚持将孩子塑造成自己的复制品，那么家长与孩子的关系就会受到严重损害。当孩子意识到自己的本性与父母的期望截然不同时，他们就会出现各种问题。情感型（F）孩子会伪装自己的人格类型来讨父母欢心，思维型（T）孩子则会表现出敌意和反抗，但无论如何，他们受损的自信心都是无法修复的。在进行了 MBTI 测试后，很多有过类似童年经历的成年人都感慨说："现在我终于知道自己并没有问题，而是我的人格类型天生如此。这真是一种解脱！"

利用人格类型促进交流沟通

在成长的过程中，不同人格类型的人会沿着各自的成长轨迹发展，他们并不知道应该如何与对方交流。思维型（T）的人有思维型的交流方式，情感型（F）的人有情感型的交流方式，在与同类型的人进行交流时，他们完全能够应对自如。但在争取其他人格类型的人的认同和合作时，他们原本的交流方式就行不通了。

对于自己不认可的事情，思维型（T）的人会毫无顾忌地提出自己的批判。他们会基于逻辑分析来决定自己应该采取什么行动，情感（无论是个人情感还是他人情感）并不是思维型（T）的人会考虑的因素。在与情感型（F）的人沟通时，思维型（T）的人可能会直截了当地表达自己的不同意见，这会让情感型（F）的人备受打击，同时也进一步增加了达成一致意见或合作的难度。

在与情感型（F）的人进行沟通时，我们应该善用他们的情感。情感型（F）的人重视和谐的人际关系，但凡条件允许，他们就会表示赞同而非反对。当思维型（T）的人想要批评或反对他们的某个提议时，应该首先指出值得肯定的部分。一旦情感型（F）的人相信对方并没有敌意，他们就会乐意做出让步来维持和谐的氛围。这时候，双方就可以心平气和地讨论彼此的不同意见，而不是唇枪舌战争个你死我活。与此同时，思维型（T）个体的清晰逻辑和情感型（F）个体的善解人意就会相互补充，使得问题得到更好的解决。

在与思维型（T）的人沟通时，情感型（F）的人应该尽可能注意自己的逻辑性和条理性。对于思维型（T）的人指出的事实和理由，情感型的人应该认真考虑而不是简单忽略。尽管情感型（F）的人坚信自己认可的东西，他们也应该认真考虑思维型（T）的人对问题的分析和对后果的预测。

如果你属于情感型（F），就应该明白，思维型（T）的人习惯根据因果关系进行推断，他们很少会考虑别人的感受，除非你明确地告诉他们。所以，你可以简单轻松地告诉他们你的感受，这样的话，他们在分析因果关系时，就会将你的情感感受考虑在内。

感觉型（S）与直觉型（N）的人往往会在沟通伊始就陷入僵局。如果你属于直觉型（N），应该注意以下几点：首先，一开始就明确地提出自己的观点。（否则的话，感觉型的人就会一直迷惑不解，他们需要费尽力气才能明白你的意思，并会对你非常不满。）其次，尽量把话说完整。你当然知道自己省略的是什么内容，但你的听众并不知道。再次，当你变换话题时，一定要明确地提示大家。最后，不要在不同的话题之间来回切换，先结束一个话题，然后再明确地转入下一个话题。

如果你属于感觉型（S），也许会觉得直觉型（N）的人所说的话完全忽视甚至违背了你所了解的事实，但是请不要因此而忽视或者否定他们的话。在这些貌似荒唐的话中也许有值得一试的好主意，而你所了解的事实也许会帮助他们更好地实现这个想法。重要的是，你要抱着合作的态度，把你所掌握的事实看作有益的补充，而不是无情的驳斥。任何进步都需要大家的通力合作，感觉型（S）的人可以提供重要的事实，直觉型（N）的人则可以提供新颖的想法，两者缺一不可。

最成功的沟通就是，大家虽然彼此妥协，但最终的决议巧妙地采纳了每个人最重视的东西。当人们最重视的东西被纳入某个计划，并且会对他人产生显著影响时，人们往往就会全力以赴。感觉型（S）的人关注计划是否切实可行，思维型（T）的人重视计划的系统性，情感型（F）的人会考虑计划是否人性化，而直觉型（N）的人则希望看到这一计划在未来的成长和进步空间。这些愿望都是非常合理的。如果我们对彼此的愿望报以理解和善意，它们就都有希望成为现实。

人与人之间的差异是必然的，而人格类型理论则能够帮助我们缓解冲突和减少矛盾。不仅如此，这一理论还能让我们认识到人格差异的价值。金无足赤人无完人，只要我们努力发展自身的人格优势，注意弥补已知的人格弱点，并且学会欣赏不同人格类型的优点，生活就会变得丰富多彩、妙趣横生且意义非凡。

展望未来

五十多年来，我一直都在从人格类型的角度观察这个世界，也因此收获了巨大的财富。我相信，对于人格类型的理解也将有助于社会的发展和进步。毫不夸张地说，对于不同人格类型及其天分的广泛而深刻的理解必将有效地减少对这些天分的误用或埋没。在人格类型理论的帮助下，个体的潜力将得到更有效的发挥，宝贵的机遇将得到充分的利用，学生辍学和青少年犯罪的数量也将大大减少。甚至在精神疾病的预防上，人格类型理论也可能发挥一定的作用。

无论你的生活状况如何，无论你的人际关系、职业发展如何，也无论你肩负着怎样的责任，理解人格类型都将使你的感知更加清晰，使你的判断更加准确，使你的生活更加顺心如意。

附录　人格类型表

		感觉		直觉			
		感觉思维	感觉情感	直觉情感	直觉思维		
内倾	判断	ISTJ 内倾感觉思维 判断型	ISFJ 内倾感觉情感 判断型	INFJ 内倾直觉情感 判断型	INTJ 内倾直觉思维 判断型	判断	内倾
	感知	ISTP 内倾感觉思维 感知型	ISFP 内倾感觉情感 感知型	INFP 内倾直觉情感 感知型	INTP 内倾直觉思维 感知型	感知	
外倾	感知	ESTP 外倾感觉思维 感知型	ESFP 外倾感觉情感 感知型	ENFP 外倾直觉情感 感知型	ENTP 外倾直觉思维 感知型	感知	外倾
	判断	ESTJ 外倾感觉思维 判断型	ESFJ 外倾感觉情感 判断型	ENFJ 外倾直觉情感 判断型	ENTJ 外倾直觉思维 判断型	判断	

版 权 声 明